葡萄病虫害防治
原色生态图谱

夏声广 主编

中国农业出版社

图书在版编目（CIP）数据

葡萄病虫害防治原色生态图谱/夏声广主编. —北京：中国农业出版社，2013.7（2015.5重印）
ISBN 978-7-109-18035-2

Ⅰ．①葡… Ⅱ．①夏… Ⅲ．①葡萄—病虫害防治—图集 Ⅳ.①S436.631-64

中国版本图书馆CIP数据核字（2013）第137976号

中国农业出版社出版
（北京市朝阳区农展馆北路2号）
（邮政编码 100125）
责任编辑 张洪光 阎莎莎

北京中科印刷有限公司印刷 新华书店北京发行所发行
2013年7月第1版 2015年5月北京第3次印刷

开本：880mm×1230mm 1/32 印张：3.25
字数：98千字
定价：18.00元
（凡本版图书出现印刷、装订错误，请向出版社发行部调换）

主　　编　　夏声广

编著人员　　夏声广　　谢永强

　　　　　　周小军　　徐苏君

　　　　　　孙裕建　　童正仙

前　言

　　葡萄属落叶藤本植物，是地球上最古老的植物之一，也是人类最早栽培的果树之一。我国栽培葡萄的历史悠久。改革开放以来，尤其是21世纪以来，葡萄生产得到了迅速发展，2012年我国葡萄栽培面积已突破900万亩*，葡萄总产量达到1 054万吨，葡萄酒产量达到13.82亿升。尤其是设施葡萄的发展更为迅速，全国各种设施栽培的总面积已达210多万亩，目前，中国已成为世界上葡萄设施栽培面积最大、产量最多、设施种类最丰富的国家。种植葡萄的经济效益好，农民的积极性很高，葡萄生产对发展农村经济、加快农民脱贫致富发挥了很好的作用。

　　栽培葡萄技术性较强，随着科学技术的发展和市场需求的变化，新技术、新方法、新品种不断地推广应用，尤其是设施葡萄栽培，有力地推动了葡萄生产的发展。与此同时，葡萄病虫害也发生了很大变化，这直接影响葡萄产量和质量。为此，我们编写了《葡萄病虫害防治原色生态图谱》。这是一本普及病虫识别知识、提高农民对病虫害诊断与防治能力的实用科普工具书。在编写中我们力求科学性、先进性、实用性与技术集成化，这有助于果农科学开展葡萄病虫害防治，减少农药的使用量和次数，降

---

*　亩为非法定计量单位，1亩≈667米^2。——编者注

低农药残留，提高葡萄的品质和产量。全书阐述近70种葡萄主要病虫害的诊断与防治技术，并配有约300幅高质量原色生态图片（除署名外，均由夏声广拍摄），直观形象地再现了葡萄常见病虫的不同的形态和为害症状。这本书图文并茂，新颖实用，易学，易记；文字简洁、通俗易懂；图片均为原生态，清晰度高，特征明显，适合基层农技推广部门、农药厂商、农资供销部门、庄稼医院和果农使用，也可供农业院校师生阅读参考，或作为基层无公害葡萄生产培训教材。

在本书编写过程中，承蒙永康市组织部、科技局及富有实践经验的果农给予支持与帮助，何锦豪推广研究员对本书进行审核，在此表示衷心感谢！受作者调查和实践经验及专业技术水平限制，书中遗漏之处在所难免，恳请专家、同行、读者不吝指正。

夏声广

2013年5月

E-mail:ykxsg@163.com

http://www.sgzb.net

目　录

前言

◆ **葡萄病害及其防治**……………………………………1

一、葡萄侵染性病害 ……………………………………1

葡萄霜霉病 ………… 1　　　　葡萄房枯病………… 19

葡萄黑痘病 ………… 4　　　　葡萄蔓枯病………… 21

葡萄白腐病 ………… 8　　　　葡萄穗轴褐枯病 …… 23

葡萄白粉病 ………… 11　　　葡萄炭疽病 ………… 24

葡萄锈病 …………… 13　　　葡萄黑腐病 ………… 27

葡萄褐斑病 ………… 14　　　葡萄铬黄花叶病 …… 29

葡萄小褐斑病 ……… 16　　　葡萄扇叶病 ………… 30

葡萄灰霉病………… 17

二、葡萄生理性病害 ……………………………………32

葡萄裂果病………… 32　　　葡萄水罐子病 ……… 35

葡萄日烧病（日灼病）… 33　　葡萄缩果病………… 36

葡萄缺氮症 ·············· 37

葡萄缺磷症 ·············· 38

葡萄缺钾症 ·············· 39

葡萄缺硼症 ·············· 41

葡萄缺锌症 ·············· 43

葡萄缺铁症 ·············· 44

葡萄缺镁症 ·············· 46

葡萄缺钙症 ·············· 48

葡萄落花落果 ········· 49

◆ 葡萄主要虫害及其防治 ············· 51

葡萄天蛾 ·········· 51

雀纹天蛾 ·········· 53

斜纹夜蛾 ·········· 55

葡萄斑叶蝉 ·········· 57

葡萄长须卷蛾 ········· 59

葡萄十星叶甲 ········ 61

葡萄白粉虱 ·········· 63

黑刺粉虱 ·········· 64

烟蓟马 ·········· 66

葡萄缺节瘿螨

（葡萄毛毡病）········ 68

葡萄短须螨 ·········· 70

绿盲蝽 ·········· 71

斑衣蜡蝉 ·········· 73

葡萄瘿蚊 ·········· 74

桃蛀螟 ·········· 76

康氏粉蚧 ·········· 78

白星花金龟 ·········· 79

斑喙丽金龟 ·········· 81

葡萄透翅蛾 ·········· 83

枯叶夜蛾 ·········· 85

鸟嘴壶夜蛾 ·········· 86

葡萄双棘长蠹 ·········· 88

豹纹蠹蛾 ·········· 90

蚱蝉 ·········· 92

葡萄鸟害 ·········· 93

主要参考文献 ············· 96

葡萄病害及其防治

一、葡萄侵染性病害

◆ 葡萄霜霉病

病原学名：*Plaamopara viticola* (Berk. et Curt.)Berl. et de Toni

葡萄霜霉病是一种世界性的葡萄病害，也是我国葡萄的主要病害，尤其在多雨、潮湿的南方地区发生普遍。生长早期发病可使新梢、花穗枯死；中、后期发病可引起早落叶或叶片大面积枯斑，致使枝梢生长弱、不充实，易受冻害，越冬芽枯死，影响下一年产量。

症状：葡萄霜霉病主要为害葡萄的叶片，也能侵害嫩梢、花序和幼果等幼嫩的部位。

叶片发病，最初为细小的不定形淡黄色水渍状斑点，后逐渐扩大，在叶片正面出现黄色和褐色的不规则形病斑，边缘界限不明显，经常数个病

葡萄霜霉病初期症状

葡萄霜霉病白色霉状物

斑合并成多角形大斑。病斑大小因品种或发病条件而异。天气潮湿时，在发病4～5天后，病斑背面产生白色霜状霉层，发病严重时，叶片焦枯卷缩而早落。嫩梢、叶柄、果梗等发病，最初产生水渍状黄色病斑，以后变为黄褐至褐色，形状不规则。天气干旱时，病部组织干缩下陷，生长停滞，甚至扭曲或枯死。花及幼果受害，病斑初为浅绿色，后呈现深褐色，感病果变灰色，表面布满霜霉。果粒长到直径2厘米以上时，一般不形成孢子，即没有霜霉，果粒变硬，但成熟时变软。病粒易脱落，留下干的梗疤，部分穗轴或整个果穗也会脱落。

葡萄霜霉病病叶（正面）

葡萄霜霉病病叶（背面）

葡萄霜霉病背面布满霜霉

葡萄霜霉病严重为害叶片

发生规律：该病由鞭毛菌亚门卵菌纲霜霉目单轴霉属真菌引起。病菌以卵孢子在病叶和其他病残组织上越冬，其卵孢子随腐烂叶片在土壤中能存活2年左右。翌春，气温达11℃时，卵孢子在小水滴中萌发，产生芽管，形成孢子囊，孢子囊萌发产生游动孢子，借风雨传播到寄主的叶片

葡萄霜霉病为害果实 （颜添文）

葡萄霜霉病为害幼果 （谢永强）

上，由气孔侵入，经7～12天的潜育期，又产生孢子囊，进行再侵染。只要条件适宜，在生长期中病菌能不断产生孢子囊进行重复侵染。

孢子囊形成的适宜温度为13～28℃，最适宜温度为15℃；孢子囊萌发的温度为5～21℃，最适宜温度为10～15℃；游动孢子萌发的适宜温度范围为18～24℃。侵

葡萄霜霉病为害果实导致其变软

染的最适湿度为相对湿度大于95%，湿度越大越有利于病害的发展。孢子囊的形成、萌发和游动孢子的萌发侵染均需有雨水或露水时才能进行。潮湿、冷凉、多雨、多露雾的天气或季节利于霜霉病的发生和流行，在春、秋两季少风、多雾、多露、多雨的地区葡萄霜霉病发病比较严重。果园地势低洼、土质黏重、栽植过密、排水不良等都会加重病情；偏施或迟施氮肥，造成秋后枝叶繁茂、组织成熟延迟，也会使病情加重。不同品种对霜霉病的感病程度不同，欧亚品种群的葡萄易感病，欧美杂交品种较抗病，美洲品种较少感病。北方果园一般在7月份开始发生，7月中、下旬发病渐多，8～9月为发病盛期。但在5～6月份低温多雨的气候条件下，于6月中旬也有发病。在长江以南地区，全年有2～3次发病高峰，第一次在5月下旬至6月中旬，第二次在8月中下旬，第三次在9月

中旬至10月上旬。

　　防治方法：①种植抗病品种。在病害常年流行的地区应考虑种植抗病品种，淘汰高感品种。②冬季清园。秋冬落叶后，结合修剪剪除病、弱枝梢和病果，清扫枯枝落叶，集中烧毁或深埋。在此基础上全面（对植株、架面、地面）喷布一次3～5波美度的石硫合剂，可大量杀灭越冬菌源，减少次年的初侵染。③加强栽培管理。选择易排灌、土壤疏松、光照条件和通透性好的地方种植葡萄；建园时要规划好田间灌排系统，降低园地地下水位。棚架应有适当的高度，保持良好的通风透光；施足优质的有机肥，生长期根据植株长势合理追施氮、磷、钾肥和微量元素等，避免过多施氮肥；酸性土壤结合秋冬深翻施有机肥时每亩加生石灰50～75千克。生长季及时抹芽、摘心、绑蔓，保持架面阳光通透。④采用避雨栽培，可大大减轻霜霉病的发生，尤其在南方多雨地区效果更为明显，欧亚品种在南方必须实施避雨栽培。⑤药剂防治。在未发病前可适当喷洒一些保护性药剂进行预防，北方6月开始喷药，南方在开花前即4月就要喷药保护。药剂可选用33.5%喹啉铜悬浮剂1 500～2 000倍液、68.75%唑菌酮·代森锰锌（易保）水分散粒剂800～1 500倍液、66.8%丙森·缬霉威（霉多克）可湿性粉剂800～1 000倍液、10%氰霜唑（科佳）悬浮剂2 000倍液。发病后防治可用72%霜脲·锰锌（克露）可湿性粉剂600～750倍液、72.2%霜霉威（普力克）水溶性液剂700倍液、68.75%氟菌霜霉威（银法利）悬浮剂500～800倍液、50%烯酰吗啉（安克）水分散粒剂2 500～3 000倍液、52.5%恶唑菌酮·霜脲氰（抑快净）可湿性粉剂2 000～3 000倍液、50%吡唑·醚菌酯（凯润）2 000～3 500倍液。注意各药剂交替轮换使用，每隔10～15天防一次，连防2～3次。秋雨多的年份，采收后还要注意防治，以防早期落叶。在幼果期进行化学防治时，内吸渗透型杀菌剂应采用低浓度，严禁与膨大剂混合施用，以免产生灼伤药害，但可以与能兼防其他病害的药剂混用。

◆ 葡萄黑痘病

病原学名：*Sphaceloma ampelium* (de Bary)

　　又名葡萄疮痂病、葡萄蛤蟆眼、葡萄鸟眼病，是我国葡萄生产上的重要病害之一，是葡萄园中较早发生的一种病害。

　　症状：主要侵染植株的幼嫩组织，葡萄幼嫩的叶片、叶柄、果实、果梗、穗轴、卷须和新梢等部位都能发病。叶片发病，开始出现针头大小的红褐色斑点，周围有黄色晕圈，以后病斑扩大呈圆形或不规则形，中央变成灰白色、稍凹陷，边缘暗褐色，并沿叶脉连串发生，干燥时破裂穿孔。叶脉受害，病斑梭形，稍凹陷，暗褐色。由于被害后因停止生长而使幼叶皱缩、扭曲成畸形。以后中央部分变为灰褐色，严重感病部位以上枝梢枯死。果实发病，初产生圆形深褐色小点，以后扩大，直径可达2～5毫米，中部凹陷，呈灰白色，外部深褐色，周缘有紫褐色晕，呈现典型的"鸟眼状"病斑。染病的幼果长不大，色深绿，味酸质硬、畸形，病斑处有时开裂，多个病斑可连成大斑。新梢病斑，初为圆形褐色小点，以后扩大为长椭圆形或不规则形，边缘紫红至深褐色，内为灰褐色，中央凹陷开裂。病斑常数个连成一片，病梢常因病斑环切而枯死。卷须、叶柄、花轴、果梗和穗轴等处的症状与新梢相似。

葡萄黑痘病病叶

葡萄黑痘病为害幼果

葡萄黑痘病为害果实

葡萄黑痘病为害卷须

葡萄黑痘病严重为害幼果

葡萄黑痘病为害枝蔓

葡萄黑痘病严重为害嫩梢

　　发生规律：该病由半知菌亚门痂圆孢属真菌引起。病原以菌丝体潜伏于病蔓、病叶、病果、病梢和卷须等部位越冬，病蔓溃疡处是病原的重要越冬场所。翌年4～5月条件适宜时产生分生孢子，借雨水传播，直接穿透表皮侵入。菌丝体在寄主表皮下蔓延，以后形成分生孢子盘，突破表皮，在湿度大的情况下，不断产生分生孢子，通过风雨和昆虫等传播，对葡萄幼嫩的绿色组织进行重复侵染。温湿条件适合时，6～8天便发病产生新的分生孢子。该病的远距离传播主要通过带菌的枝条和苗木。分生孢子的形成要求25℃左右的温度和比较高的湿度。菌丝生长温度范围为10～40℃，潜育期一般为6～12天，在24～30℃下，潜育期最短，超过30℃，发病受抑制。新梢和幼叶最易感染，其潜育期也较短。在温暖多雨季节，葡萄生长迅速、组织幼嫩时发病最重，天气干旱时发病较轻。南方4月上中旬开始发病，5～6月多阴雨天气，发病达到高峰。7～8月以后温度超过30℃，雨量减少，湿度降低，组织逐渐老化，病情受到抑制，秋季如遇多雨天气，病害可再次严重发生。北方5月中下旬开始发病，6～8月为发病盛期，10月以后气温降低，天气干旱，病害停止发展。高湿、多雨，发病严重。果园低洼，排水不良，管理粗放，枝叶郁闭，通风透光差，偏施氮肥引起徒长，组织不充实，发病严重。

　　防治方法： ①彻底清园。冬季进行修剪时，剪除病枝梢及残存的病果，剥除老翘皮，彻底清除园内的枯枝、落叶、病落果等，然后集中烧毁，并用3～5波美度的石硫合剂对植株、架面和地面进行一次全面喷布。春季芽萌动期（绒球期）未见绿时再喷3波美度的石硫合剂。②采用深沟高畦栽培。尤其是南方多雨地区宜采用深沟高畦栽培，畦间沟深40～50厘米，园地四周沟深50～60厘米，有利于降低地下水位，促进根系生长，培养健壮树体，提高抗病力。③深翻改土。每年10月中下旬至11月上旬亩施腐熟禽畜粪3 000～5 000千克，结合施生石灰30～60千克，进行深翻改土，改善土壤理化性质。④加强管理。及时做好抹芽、摘心、绑蔓等管理，防止枝蔓叶过密，保证通风透光。生长季节及时摘除病梢、病叶和病果，集中销毁。⑤采用避雨栽培。避雨栽培可有效减轻黑痘病的发生。⑥药剂防治。展叶期（2～3叶）用33.5%喹啉铜悬浮剂1 500～2 000倍液或240倍等量式（巨峰系品种）或半量式（欧亚品种）波尔多液保护。花前半月、落花70%～80%和花后半月各喷一次药进行预防，药剂可选用70%丙森锌（安泰生）可湿性粉剂600倍液，或70%甲基硫菌灵（甲基托布津）可湿性粉剂800倍液；发病初期及时用药防治，药剂可选用5%酰胺唑（霉能灵）乳油800～1 000倍液、12.5%烯唑醇可湿性粉剂3 000～4 000倍液、10%苯醚甲环唑（世高）水分散粒剂2 500～3 000倍液。隔10～15天，连喷2～3次。

◆ 葡萄白腐病

病原学名：*Coniothyriurm diplodiella* (Speg.) Sacc.

葡萄白腐病又名腐烂病、水烂或穗烂。分布较广，发病较早，幼果期就开始发生，是葡萄生长期引起果实腐烂的主要病害。发病盛期大多在成熟期，尤其在多雨的年份。露天栽培果实损失率在15%～20%；病害流行年份果实损失率可达60%以上，甚至绝收。

症状：葡萄白腐病主要为害果实和穗轴，也能为害枝蔓和叶片。果穗发病，先从距地面较近的穗轴和小果梗开始，起初出现淡褐色不规则的水渍状病斑，逐渐蔓延到果粒。果粒发病后1周，病果由褐色变为深褐色，果肉软腐，果面密生一层灰白色的小粒点。以后病果逐渐干缩成为有棱角的僵果，果粒或果穗很易脱落，并有明显的土腥味，这是白腐病的重要特征，据此可与穗轴褐枯病相区别。果蒂发病，受害处先变为淡褐色，后逐渐扩大呈软腐状，以后全粒变褐腐烂，穗轴及果梗常干枯缢缩，严重时引起全穗腐烂。枝蔓发病，多在受伤的部位，病斑初呈水渍状，向上下发展呈长条状，色泽逐渐变黑褐色，表面密生略为突起的小黑点。后期病蔓皮层与木质部分离、纵裂，纤维散乱如麻，病部两端变粗，严重时病蔓易折断，或引起病部以上枝叶枯死。叶片染病，多始于叶尖或叶缘，初生黄褐色、边缘水渍状斑，向叶片中部扩展，形成近圆形的淡褐色大病斑，病斑上有不明显的同心轮纹；后期病斑部分产生灰白色小点，以近叶脉处居多，病组织干枯后易破裂、穿孔。

葡萄白腐病病叶（正面）

葡萄白腐病病叶（背面）

葡萄白腐病枝蔓上的病斑（周小军）　　葡萄白腐病为害枝蔓　　葡萄白腐病病斑绕枝蔓一周后其
　　　　　　　　　　　　　　　　　　　　　（周小军）　　上部枝蔓和叶片枯死　（周小军）

果穗染葡萄白腐病　　　　　　（周小军）　穗轴及幼果染葡萄白腐病

发生规律： 白腐病由半知菌亚门盾壳霉属真菌引起。病菌以分生孢子器及菌丝体在病残组织中越冬，果园表土中及树上的果穗、叶片和枝蔓的病残体，都可成为病害的初次侵染源。在土壤中越冬的病菌，一般以地表和表土20厘米以内的土壤中为多。病果落地后一般不完全腐烂，其上病菌有些可以存活4～5年。白腐病菌在室内干燥条件下可存活7年之久。散落在土壤表层的病组织及留在枝蔓上的病组织，在春季条件适宜时可产生大量分生孢子，分生孢子可借风雨传播，由伤口、蜜腺、气孔等部位侵入，经3～5天潜育期即可发病，从幼果期至成熟期，病斑不断散发分生孢子引起重复侵染。秋末病菌以分生孢子器或菌丝体在病组织中过冬。病菌发育最适温度为25～30℃，最高温度为35℃，最低温度5～12℃。分生孢子在13～34℃均能萌发，在空气湿度达饱和状态下，萌发率可达80%。该病在28～30℃、大气湿度在95%以上时适宜发生。

葡萄白腐病发生与雨水有密切的关系。初夏时降雨的早晚和降雨量的大小，决定了当年白腐病发生的早晚和轻重。降雨次数越多，降雨量越大，病菌萌发侵染的机会就越多，发病率也越高；雨季来得早，发病也早，暴风雨、雹害过后常导致大流行。高温、高湿多雨的季节病情严重，有利于病害的流行。果园内发生此病后，往往每逢雨后一周，就会出现发病高峰。盛发期持续的长短，取决于雨季结束的早晚。由于白腐病菌是从伤口侵入的，所以一切造成伤口的因素如风害、冰雹、虫害及摘心、疏果等，均有利于病菌侵入。特别是风害的影响更大，每次暴风雨后常会引起白腐病的严重发生。近地面处以及在土壤黏重、地势低洼和排水不良的条件下病情严重。杂草丛生、枝叶茂密、通风透光差或湿度大时易发病。长势偏旺和徒长植株易发病。酸性土壤上较碱性土壤上种植易感病。品种间抗病性也有差异，一般欧亚种易感病，欧美杂交种较抗病。华东地区一般于6月上中旬开始发病，华中地区为6月中旬，华北地区在6月中下旬，而东北地区则在7月。发病盛期一般都在采收前的雨季（7～8月）。在南方，谢花后7天始见病穗，出现第一次高峰；7月中旬后进入盛发期，为第二次高峰，以后随果实成熟度的增加，每次雨后便可出现一次高峰。

防治方法：①清园消毒。冬季结合修剪，剪除树上病蔓及残存的病果，剥除老翘皮，彻底清除园内的枯枝、落叶、病落果等，然后集中烧毁，并用3～5波美度的石硫合剂对植株、架面和地面进行一次全面喷布。春季萌芽绒球期（未见绿）再喷3波美度的石硫合剂。生长季节应经常清洁田园，及时剪除病果穗、病枝蔓，清理落地的病粒，带出园外集中深埋。②采用深沟高畦栽培。尤其是南方多雨地区宜采用深沟高畦栽培，畦间沟深40～50厘米，园地四周沟深50～60厘米，有利于降低地下水位，促进根系生长，培养健壮树体，提高抗病力。③加强枝蔓管理。及时绑蔓、摘心和做副梢处理，创造良好的通风透光条件，降低田间湿度。栽培上要改良架形，将坐果部位提高到距地面60厘米以上，以减少发病。④增施有机肥和钾肥。增施优质有机肥，同时亩施生石灰30～75千克，改良土壤，生长季追肥注意氮、磷、钾合理搭配，适当控氮增钾，提高植株的抗病力。⑤合理负载，避免过量结果。⑥土壤消毒。在发病初期可用50%福美双、硫黄粉、碳酸钙，按1：1：2比例混合，拌匀撒于地面，每亩撒1～2千克，或硫黄石灰混合粉，按4：6比例混合，每亩3～4千克。⑦坐果后经常检查下部果穗，并及时喷药保护，幼果期可选用70%丙森锌（安泰生）可湿性粉剂600倍液、25%嘧菌酯（阿米西达）悬浮剂1 500倍液；硬核期后发现零星病穗时应及时摘除并喷药，药剂可用43%戊唑醇（好力克）悬浮剂5 000倍液、75%肟菌·戊唑醇（拿敌稳）水分散粒剂5 000倍液、30%苯醚甲环唑·丙环唑乳油3 500倍液、24%腈菌唑（应得）悬浮剂3 000倍液、12.5%烯唑醇乳油3 000～4 000倍液、62.25%腈菌唑·锰锌（仙生）可湿性粉剂600倍液、10%苯醚甲环唑（世高）水分散粒剂1 500倍液等。以后每隔10～15天喷一次，连续3～4次。生长季若发生冰雹、暴风雨等自然灾害，在灾害发生后12小时以内必须喷布甲基托布津等药剂保护伤口，防止白腐病暴发。

◆ 葡萄白粉病

病原学名：*Uncinula necater* (Schw.)Burr.

白粉病是葡萄上常发生的病害之一，主要为害叶片、新梢及果实等幼嫩器官，老叶及着色果实较少受害，而以果实受害损失最大。

症状：叶片发病，最初在叶面上产生细小、淡白色的霉斑，以后逐渐扩大成灰白色粉末状，严重时白粉布满叶片，逐渐使叶片卷缩、枯萎而脱

葡萄白粉病为害叶片　　　　　（谢永强）　葡萄白粉病为害果实

落。果实发病，果面上产生粉状霉层，擦去霉层后，果面有褐色斑纹。幼果受害，果实萎缩脱落；果实稍大时受害，表皮细胞死亡而变褐色，果实停止生长、硬化、畸形，有时开裂露出种子，果味极酸；后期病果干枯腐烂。新梢及果梗受害，初期病斑呈白色，以后转为褐色，最终变黑色，表面着生稀疏的白粉状物。生长后期，菌丝丛中形成细小、黑色、球形子实体，即闭囊壳。

发生规律：病原菌以菌丝体在受害组织或芽鳞内或以闭囊壳在植株残体上越冬。翌春产生分生孢子，借风雨传播，穿透表皮进行初次侵染，发病后只要条件适宜就可产生大量分生孢子不断进行再侵染，潜育期14～15天。葡萄白粉病病菌生长和产生分生孢子要求较高温度，以25～30℃最适宜，过高温度有抑制作用。气温29～35℃时病害扩展快。当相对湿度降至20%时，葡萄白粉菌分生孢子还可以萌发侵染，而雨水过多对其反而不利。因此，干旱的夏季和温暖而潮湿、闷热的天气有利于白粉病的大发生。一般6月开始发病，7月中下旬至8月上旬发病达盛期，9～10月停止发病。华北地区每年7月上旬开始发病，7月下旬进入盛期；华中地区发病较早，6月上旬即开始发病，7月上旬发生最盛。设施栽培中白粉病是主要的病害。栽植过密、氮肥过多、蔓叶徒长、通风透光不良、土壤缺水、植株受干旱等，有利于发病。嫩梢、嫩叶、幼果较老熟组织易感病。

防治方法：①秋冬季认真清园。及时、分次扫除落叶，彻底清除落于地面的病穗、病果；剪除病蔓和病叶并集中烧毁。冬季剪除病梢，拿出果园外全部烧毁。②加强栽培管理。合理修剪，及时摘心、绑蔓、处理副梢和适当疏花、疏果，保持通风透光，降低田间湿度。控制施氮肥，多施农家肥，早施和重施磷、钾肥，增强抗病力。③适时套袋。葡萄坐果后，经疏穗疏果后即可套袋。④药剂防治。发芽前、萌芽期（绒球期）可喷3～5波美度石硫合剂，或45%晶体石硫合剂50倍液，杀死越冬病菌。葡萄白粉病发生在幼果期，发病品种应注意喷药保护，坐果后经常检查果穗，发现零星病穗时应及时摘除，并立即喷药。预防药剂可选用33.5%喹啉铜悬浮剂1 500～2 000倍液；发病初期药剂可选用15%三唑酮可湿性粉剂2 000倍液、62.25%腈菌唑·锰锌（仙生）可湿性粉剂600倍液、10%苯醚甲环唑（世高）水分散粒剂1 500倍液、25%嘧菌酯（阿米西达）悬浮剂1 500～2 000倍液、12.5%烯唑醇（速保利）可湿性粉剂2 500～3 000倍液。每隔15天喷一次，连喷3～5次。注意，腈菌唑、苯醚甲环唑、三唑酮、烯唑醇应避免在幼果期使用，以免发生药害。

◆ 葡萄锈病

病原学名：*Phakopsora ampelopsidis* Diet. et Syd.

葡萄锈病在我国北方葡萄产区多零星发生，一般为害不重；在夏季高温多湿的南方，是常见的葡萄病害之一。葡萄锈病发病严重时，造成同化作用减退或引起落叶，对果粒品质和产量以及葡萄植株第二年的生长发育影响很大。由于落叶早致使果粒着色明显推迟，品质下降。

症状：发病初叶面出现零星黄色小斑点，后病叶正面出现黄绿色病斑，叶背面则发生橙黄色夏孢子堆，逐渐扩大，沿叶脉处较多。夏孢子堆成熟后破裂，散出大量橙黄色粉末状夏孢子，布满整个叶片，致叶片干枯或早落。秋末病斑变为多角形褐色或黑褐色斑点形成冬孢子堆，表皮一般不破裂。

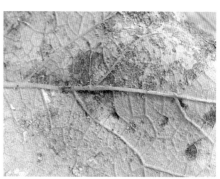

葡萄锈病为害叶片　　　　　　　　葡萄锈病为害叶片产生锈状物

发生规律：病菌为葡萄层锈菌，属担子菌亚门真菌，病菌在寒冷地区以冬孢子在落叶上越冬，初侵染后产生夏孢子，夏孢子堆裂开散出大量夏孢子，通过气流传播，叶片上有水滴及适宜温度，夏孢子长出芽孢，通过气孔侵入叶片。菌丝在细胞间蔓延，以吸器刺入细胞吸取营养，后形成夏孢子堆。潜育期约1周，在生长季适宜条件下多次进行再侵染，至秋末又形成冬孢子堆。在热带和亚热带，夏孢子堆全年均可发生，周而复始，以

夏孢子越夏或越冬。冬孢子堆在天气转凉时发生。夏孢子萌发温度为
8 ~ 32℃，适温为24℃，在适温条件下孢子经1小时即萌发，5小时萌发
率达90%。冬孢子萌发温度为10 ~ 30℃，适温为15 ~ 25℃，适宜相对湿
度为99%。冬孢子形成担孢子的适温为15 ~ 25℃，担孢子萌发适温为20 ~
25℃，适宜相对湿度为100%，高湿有利于夏孢子萌发，但光线对萌发有
抑制作用，因此夜间的高湿成为此病流行必要条件。生产上有雨或夜间多
露的高温季节利于锈病发生，管理粗放且植株长势弱易发病，山地葡萄较
平地发病重。北方多在秋季发生，8 ~ 9月为发病盛期。长江以南地区，6
月下旬先为害近地面的葡萄叶片，7月中下旬梅雨结束后，高温干燥，夏
孢子靠风传播，落在叶片上，7天内便出现病斑。8 ~ 9月继续侵染，流
行很快，9 ~ 10月发病最重。

防治方法：①清洁果园。晚秋彻底清除落叶，集中深埋。生长季节及
时摘除病叶深埋。清园后枝蔓上喷洒3 ~ 5波美度石硫合剂。②加强葡萄
园管理。定植时施足优质有机肥，每年入冬前施足优质有机肥，果实采
收后仍要加强肥水管理，保持植株长势，增强抵抗力，山地果园保证灌
溉，防止缺水缺肥。③发病初期用药防治。药剂可选用20%三唑酮乳油
1 500 ~ 2 000倍液、20%三唑酮·硫悬浮剂1 500倍液、25%丙环唑（敌力
脱）乳油3 000倍液、12.5%烯唑醇（速保利）可湿性粉剂3 000 ~ 4 000
倍液、10%苯醚甲环唑（世高）水分散粒剂1 500 ~ 2 000倍液。隔15 ~
20天喷药一次，共喷1 ~ 2次。注意喷布下部叶片的背面，并要喷得均匀，
不能漏喷。

◆ 葡萄褐斑病

病原学名：*Pseudocercospora vitis* (Lév.) Speg.

葡萄褐斑病又称葡萄斑点病、褐点病、叶斑病和角斑病等，在我国各
葡萄产地多有发生，以多雨潮湿的沿海和江南各省发病较多，一般干旱地
区或少雨年份发病较轻，管理不好的果园多雨年份后期可大量发病，特别
是葡萄采收后忽视防治病害易大量发生，引起早期落叶，影响树势，造成
减产。

症状：葡萄褐斑病仅为害叶片，主要为害植株中下部叶片。发病初
期在叶片表面产生许多近圆形、多角形或不规则形的褐色小斑点，以后

病斑逐渐扩大，常融成不规则形的大斑，直径可达2厘米以上。病斑中部呈黑褐色，边缘褐色，病、健部分界明显。病害发展到一定程度时，病叶干枯破裂而早期脱落，严重影响树势和翌年产量。

发生规律：褐斑病由半知菌亚门假尾孢属真菌引起，病菌主要以菌丝体和分生孢子在落叶或枝蔓表面上越冬，翌春葡萄开花

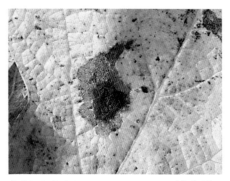

葡萄褐斑病病斑 （谢永强）

葡萄褐斑病为害叶片 （周小军）

葡萄褐斑病为害叶片

后病菌产生新的分生孢子，分生孢子借风雨传播。在潮湿情况下孢子萌发，从叶背面的气孔侵入，潜育期约20天。经过一定时间，可以产生新的分生孢子，引起再侵染。发病常由植株下部叶片开始，逐渐向上蔓延。夏季多雨的地区或年份发病较重。植株生长中后期雨水多时病害流行。管理粗放，枝叶旺长，结果太多，树势衰弱，易发病。北方地区，此病自6月开始发生，条件适宜时，可发生多次再侵染，7～9月为发病盛期。

防治方法：①因地制宜采用抗病品种。②清洁田园。秋后彻底清扫果园，烧毁或深埋落叶，减少越冬菌源。③葡萄生长期注意排水，及时打顶、剪副梢，生长中后期摘除下部黄叶、病叶，增强通风透光，降低果园湿度；并适当增施有机肥，增强树势，提高植株抗病力，以减轻病害发生。④发芽前喷3～5波美度石硫合剂。发病前结合其他病害的防治，喷

布80％代森锰锌600～800倍液、33.5％喹啉铜悬浮剂1 500倍液；发病初期可喷布10％苯醚甲环唑水分散粒剂2 000～3 000倍液、12.5％烯唑醇乳油3 000～4 000倍液、25％嘧菌酯（阿米西达）悬浮剂2 000倍液，或43％戊唑醇悬浮剂5 000倍液、3％多抗霉素可湿性粉剂300～500倍液、25％丙环唑（敌力脱）乳油3 000～5 000倍液，每隔10～15天喷一次，连续喷2～3次。由于褐斑病一般从植株的下部叶片开始发生，逐渐向上蔓延，因此第一、二次喷药要着重保护植株的下部叶片，并注意叶片的正、反面要喷均匀，要重点喷叶背面。重视采收后的防治。注意在幼果期慎用三唑类药剂。

◆ 葡萄小褐斑病

病原学名：*Cercospora roesleri* (Catt.) Sacc.

症状：在叶片正面病斑初为褐色小点，后扩大为圆形或椭圆形褐色病斑，病斑较小，直径2～3毫米，大小较一致，呈深褐色，中部颜色稍浅，病健交界部分明显，潮湿时常在病斑中央可见灰褐色至黑褐色霉状物，似小颗粒状，此为病原菌的分生孢子梗和分生孢子。叶背病斑为椭圆形至不规则形，边缘不明显，病害发生严重时病斑常相互愈合，导致叶片部分或全部变黄，提前枯死脱落。

防治方法：参考葡萄褐斑病。

葡萄小褐斑病为害叶片（正面）

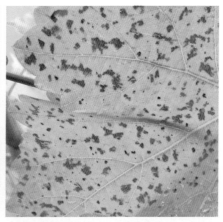

葡萄小褐斑病为害叶片（背面）

◆ 葡萄灰霉病

病原学名：*Botrytis cinerea* Pers.

葡萄灰霉病俗称"烂花穗"，又叫葡萄灰腐病，是我国华中、华南及设施葡萄栽培中常发的病害，也是目前世界上发生比较严重的病害，春季是引起花穗腐烂的主要病害，流行时发病品种花穗被害率达70%以上。成熟的果实也常因此病在储藏、运输和销售期间引起腐烂。在所有储藏病害中，该病所造成的损失最为严重。葡萄酿酒时如不慎混入灰霉病的病果，可造成葡萄酒颜色改变、酒质变劣。

症状：主要为害葡萄花穗、幼果及近成熟果穗或果梗、新梢及叶片。葡萄春季萌芽展叶后即可感染灰霉病，患病的病芽和病梢变褐最后干枯；新梢发病产生淡褐色、不规则形的病斑，病斑有时出现不太明显的轮纹，长出鼠灰色霉层。成熟后的新梢为黄白色，并带有黑色的菌核。叶片发病，首先在叶缘形成红褐色病斑，初呈水渍状，后上生灰色霉层，然后逐渐引起整个叶片坏死，脱落。病害严重时，可引起叶片落尽。花穗和刚落花后的小果穗

葡萄灰霉病为害叶片　　　　　　（颜添文）

葡萄灰霉病严重为害叶片

葡萄灰霉病为害花序　　　　　　（周小军）

易受侵染，发病初期被害部呈淡褐色水渍状，很快变暗褐色，整个果穗软腐，潮湿时病穗上长出一层鼠灰色的霉层，即为病原菌的分生孢子梗和分生孢子，干燥时腐烂的病穗逐渐失水萎缩、干枯脱落。成熟果实及果梗被害，果面出现褐色凹陷病斑，整个果实很快软腐，长出鼠灰色霉层，果梗变黑色，不久在病部长出黑色块状菌核。

葡萄灰霉病为害穗轴

葡萄灰霉病为害果实

　　发生规律：灰霉病由半知菌亚门灰葡萄孢菌感染所致。灰葡萄孢菌是一种寄主范围很广的兼性寄生菌，主要以菌核、菌丝体和分生孢子在感病的枝条、树皮或僵果及土壤上越冬。翌春温度回升，遇降雨或湿度大时，菌核和菌丝体产生新的分生孢子，借风雨传播，从伤口入侵幼叶和花序。初侵染后，病部产生的新分生孢子进行多次再侵染。该病的发病温度为5～31℃，最适宜发病温度为20～23℃，空气相对湿度达90%以上时发病严重。病菌要求的温度较低，但需要较高的空气湿度，因此，花期多雨阴湿，容易诱发灰霉病的流行，常造成大量花穗腐烂脱落。地势低洼，偏施氮肥，枝梢徒长郁闭，通风不良，湿度大，发病重。一年中有两次发病高峰期，第一次在开花前后，此时温度低，空气湿度大，造成花序大量被害，严重的造成烂花烂果；第二次在果实着色至成熟期，如遇连雨天，引起裂果，病菌从伤口侵入，导致果粒大量腐烂。上海地区一年有两次发病高峰期：第一次是5月中旬至6月上旬，主要为害花穗；第二次是8月上中旬至9月上旬，主要为害成熟果实。一般以前期为害严重，后期如天气干旱发病就较轻。

　　防治方法：①加强管理。结合秋冬季修剪，清除病残体，摘除病花穗，集中烧毁；搞好开沟排水；及时抹芽摘心引绑，增强葡萄架面通风透光，降低田间湿度；注意合理施肥，控制氮肥的使用，增施磷、钾肥，防止枝梢徒长，促进树体生长健壮。②药剂防治。以预防为主，发病初期及时用药防治。抓住花前、花后、幼果期用药防治。预防可选用50%异菌脲（扑海因）可湿性粉剂1 000～1 500倍液、50%咯菌腈（卉友）可湿性粉剂5 000倍液；发病初期可选用25%啶菌恶唑乳油（菌思奇）1 500倍液、50%腐霉利可湿性粉剂1 000～1 500倍液、40%嘧霉胺（施佳乐）悬浮剂1 200～1 500倍液、50%乙烯菌核利可湿性粉剂1 500倍液、25%嘧菌酯（阿米西达）悬浮剂1 500倍液，隔10～15天喷一次，连续2～3次。值得注意的是，灰霉菌对农药易产生抗性，生产上要注意不同机理农药的交替轮换使用，喷药时喷头不要直对花穗。③地膜覆盖和膜下滴灌。避雨和设施栽培葡萄结合地膜覆盖和膜下滴灌，用喷粉或熏烟方式施药，可降低棚内空气湿度，减轻灰霉病的发生。④供储藏的葡萄采收前在果穗上充分喷洒一次6%苯并噻唑（特克多）可湿性粉剂或50%异菌脲1 000倍液，晾干后再采摘。采收后迅速预冷和低温储藏，可抑制灰霉菌的生长。

◆ 葡萄房枯病

病原学名：*Physalospora baccae* Cavala
　　葡萄房枯病又名轴枯病、穗枯病、粒枯病，以南方产区发病比较重。
　　症状：房枯病从果实着色前期到采收期均可发生，主要为害果实、果梗及穗轴，严重时也为害叶片。发病初期，在果梗基部或近果粒处呈现淡褐色病斑，稍凹陷，以后逐渐扩大，颜色变为褐色，并蔓延到穗轴上，引起穗部发病，当病斑绕果梗一周时，小果梗即干枯缢缩。病菌常从小果梗蔓延到穗轴上。穗轴受害，靠近果粒的部位出现圆形、椭圆形或不正圆形病斑，呈暗褐色至灰黑色。部分穗轴干枯，其上产生小黑点。果粒感病，出现不规则褐色斑点，后扩展到全果粒并变灰、褐，干缩成僵果，挂在树上不脱落。病斑表面产生稀疏而较大的黑色小粒点，即病原菌的分生孢子器。叶片感病，最初出现红褐色圆形小斑点，后逐渐扩大，病斑边缘变褐色，中部灰白色，后期病斑中央散生小黑点。房枯病与黑腐病较难区别。

一般房枯病的病粒萎缩后长出的小黑粒点，分布稀疏，颗粒较大；黑腐病粒萎缩后呈蓝灰色小黑粒点，分布密集，颗粒较小。房枯病的病果粒不脱落，与白腐病有所不同。房枯病和白腐病的病穗粒从颜色上不易识别，但房枯病的病穗粒在萎缩后才生出小黑粒点，分布稀疏，且较大，穗粒不易脱落。而白腐病的病穗粒则在干缩前就产生一层很均匀的灰色小粒点，分布较密，且较小，穗粒易脱落。

葡萄房枯病为害果梗基部　　　　（谢永强）

葡萄房枯病病斑绕果梗一周时，小果梗即干枯缢缩　　　　　　　　　　（周小军）

葡萄房枯病为害果穗导致僵果　　（周小军）

发病规律：有性阶段病菌为葡萄囊孢壳菌，属子囊菌亚门，无性阶段为房枯大茎点菌属，属半知菌。病菌以分生孢子器、子囊壳和菌丝在病果粒和病枝上越冬，在露地栽培条件下，翌年5～6月散出分生孢子、子囊孢子，借风雨传播到果穗上，进行初侵染。分生孢子在24～28℃下经4小时即能萌发，子囊孢子在25℃经5小时萌发。病菌发育温度范围为9～40℃，最适温度为35℃。虽然病菌要求较高的发育温度，但侵入的温度稍低。因此，

7～9月气温在15～35℃时均可发病，气温在24～28℃时最有利于病害发展。高温多雨天气有利于病害发生和流行。管理粗放，植株生长势弱，郁闭潮湿的葡萄园发病重。果园低洼、排水不良、通风透光差或偏施氮肥致徒长，易发病。葡萄果穗一般在6月中旬开始发病，于果粒开始着色时达到发病盛期，此时正值高温多雨季节，若防治不当，往往迅速蔓延为害，造成大量果穗严重发病。

防治方法：①清洁果园。秋冬结合修剪，剪除病枝梢及残存的病果，刮除病、老树皮。生长季节随时摘除病梢、病叶和病果，集中深埋或烧毁。春季葡萄萌芽绒球期，用3～5波美度石硫合剂对植株、架材和地面进行一次全面喷布，以铲除菌源。②加强管理。雨后及时排水，生长季节要及时抹芽、定梢、引绑、摘心等工作，防止枝叶过于郁闭，确保架面通风透光。施腐熟的有机肥，控氮增磷、钾，使树体健而不旺，提高抗性。③果穗套袋保护。④药剂防治。花序展开期至开花前10天喷第一次药，谢花后1个月喷第二次药，可选用10%苯醚甲环唑水分散粒剂1 500～2 000倍液、43%戊唑醇（好力克）悬浮剂5 000～8 000倍液、12.5%氟环唑悬浮剂幼果期喷4 000倍液和后期喷1 500倍液、75%肟菌·戊唑醇（拿敌稳）水分散粒剂5 000倍液、52.5%噁唑菌酮·霜脲氰（抑快净）水分散粒剂2 000～3 000倍液、30%苯醚甲环唑·丙环唑乳油3 000倍液；喷药时应注意使果穗均匀着药，药剂交替使用。注意幼果期慎用三唑类杀菌剂，以免出现果锈。

◆ 葡萄蔓枯病

病原学名：*Cryptosporella viticola* Shear

葡萄蔓枯病又名葡萄蔓割病，主要为害蔓或新梢，削弱树势，引起减产和降低葡萄品质。

症状：主要发生在蔓上，也为害新梢、果实和叶片。蔓基部近地表处易染病，初期病斑红色或红褐色，略凹陷，逐渐扩大变成褐色至黑褐色大斑。秋天病蔓表皮纵裂为丝状，易折断，切开病蔓，木质部横切面可见暗紫色病变组织，呈腐朽状。病部表面产生很多黑色小粒点，即病菌的分生孢子器或子囊壳。主蔓染病，病部以上枝蔓生长衰弱或枯死。邻近健组织仍可生长，则形成不规则瘤状物，因此又称"肿瘤病"。新梢染病，叶色变黄，叶缘卷曲，新梢枯萎，叶脉、叶柄及卷须常生黑色条斑。幼果发病，生灰黑色病斑，果穗发育受阻。果实后期发病，与房枯病相似，黑色小点粒更为密集。穗粒染病后，表面变灰色，后期上面密生黑色小粒点，穗粒逐渐干缩成僵果。

葡萄蔓枯病为害枝蔓　　　　　　（周小军）　葡萄蔓枯病为害枝蔓　　　　　　（谢永强）

发生规律：病原为葡萄生小隐孢壳，属子囊菌亚门真菌。无性世代为 *Phomopsis viticola* （Sacc.），称葡萄拟茎点霉，属半知菌亚门真菌。病菌以分生孢子器和菌丝体在病蔓上越冬，翌年5～6月温度回升，分生孢子器遇雨或吸湿后释放分生孢子，借助风雨或昆虫媒介传播，在有水滴或雨露的情况下，分生孢子经4～8小时即可萌发，通过寄主的伤口和气孔、皮孔等自然孔口侵入，引起发病。孢子可在1～37℃下萌发，适宜温度为23℃。在有游离水或近100%的相对湿度下，数小时就可侵染，潜育期约1个月。多雨或湿度大的地区、植株衰弱、地势低洼、土质黏重、排水不良、土层薄、肥水不足、冻害严重以及管理粗放，虫伤、冻伤多或患有其他根部病害的葡萄发病重。欧亚种葡萄较美洲种葡萄感病。

防治方法：①农业防治。加强田间管理，改良土壤，增施有机肥，南方多雨地区要结合施用石灰，适当控氮增施磷、钾肥，合理调控挂果负荷量，提高树体抗病能力。②注意防治地下害虫、茎部蛀虫及其他根部病害，减少病菌侵入的机会。③及时检查枝蔓，发现病斑后，轻则用锋利的小刀将病斑刮除，重则剪除或锯掉，将残体收拾干净集中焚毁，并用5波美度石硫合剂、45%晶体石硫合剂30倍液涂伤口。④在发芽前喷5波美度石硫合剂。春末夏初喷药防治，药剂可选用33.5%喹啉铜悬浮剂1 500～2 000倍液、20%噻菌铜悬浮剂500倍液、10%苯醚甲环唑（世高）水分散粒剂1 000～1 500倍液。主要喷老蔓基部，连续喷药2～3次。

◆ 葡萄穗轴褐枯病

病原学名：*Alternaria viticola* Brun

穗轴褐枯病是葡萄的主要病害，主要为害巨峰系品种，各地均有发生。为害幼嫩的穗轴，使葡萄果粒萎缩、脱落。发病严重时病穗率可达30%～50%，严重影响产量。

症状：葡萄穗轴褐枯病主要发生在葡萄幼穗的穗轴上，果粒发病较少，穗轴老化后一般不易发病。发病初期，先在幼穗的分枝穗轴上产生褐色水渍状斑点，并迅速向四周扩展，使整个分枝穗轴变褐坏死，不久失水干枯，变为黑褐色，果粒失水萎蔫或脱落。有时在病部表面产生黑色霉状物，即病菌的分生孢子梗和分生孢子。发病后期，干枯的分枝穗轴往往从分枝处被风吹断，脱落。

葡萄穗轴褐枯病为害幼穗的穗轴　　　　　葡萄穗轴褐枯病严重为害穗轴状

发生规律：本病由半知菌亚门葡萄生链格孢霉真菌引起，病菌以分生孢子和菌丝体在枝蔓表皮、幼芽鳞片及散落在土壤中的病残体上越冬。翌春当花序伸展至开花前后病菌侵入，借风雨传播，侵染幼嫩穗轴及幼果。

4～6月低温多雨，有利于病原的侵染蔓延。南方的梅雨天气，有利于该病的发生蔓延。开花期低温多雨、穗轴幼嫩时，病菌容易侵染。地势低洼、管理不善的果园以及老弱树发病重，管理精细、地势较高的果园及幼树发病较轻。

防治方法：①清园消毒。冬季清除病枝、病果，集中深埋或烧毁，消灭越冬菌源。②控制氮肥用量，增施磷、钾肥，同时做好果园通风透光、排涝降湿，也有降低发病的作用。③药剂防治。春季萌芽绒球期，喷3～5波美度石硫合剂，重点喷结果母枝，消灭越冬菌源。葡萄叶片充分展开后，选用50%异菌脲可湿性粉剂1 000倍液、80%代森锰锌可湿性粉剂600～800倍液等喷药保护。在花序分离期和开花前，可选用43%戊唑醇悬浮剂7 500～10 000倍液、20.67%恶酮·氟硅唑（万兴）2 000～3 000倍液、1.5%多抗霉素500倍液、25%嘧菌酯（阿米西达）悬浮剂1 500～2 000倍液；硬核期后可用75%肟菌·戊唑醇水分散粒剂5 000倍液、43%戊唑醇悬浮剂5 000倍液，注意交替用药，以延缓病菌抗药性的产生。

◆ 葡萄炭疽病

病原学名：*Colletotrichum gloeosporioides* (Penz.) Sacc.

葡萄炭疽病又名葡萄晚腐病，是葡萄生长后期的一种重要病害，多在葡萄成熟时发生；露天栽培的高温多雨地区，果实发病重。

症状：葡萄炭疽病发生在果粒、穗轴、花穗、叶片、卷须和新梢等部位，以为害果粒为主。幼果受侵染，一般不表现症状，在转色成熟期才陆续出现症状。初为圆形或不规则形、水渍状、淡褐色或紫色小斑点，以后病斑逐渐扩大，并变为黑褐或黑色，果皮腐烂并凹陷，表面产生许多轮纹状排列的小黑点，即病菌的分生孢子盘。天气潮湿时长出粉红色胶质的分生孢子团，是识别此病的最明显的特征。严重时，病斑可扩展致整个果面，果粒软腐脱落，或逐渐失水干缩成僵果。果梗及穗轴发病，产生暗褐色长圆形的凹陷病斑，严重时使全穗果粒干枯或脱落。嫩梢、叶柄或果枝发病，形成长椭圆形病斑，深褐色。果实近成熟时，穗轴上有时产生1～2厘米长的椭圆形病斑，常使整穗果粒干缩。卷须发病，常枯死，表面长出红色病原物。叶片受害，多在叶缘部位产生近圆形或长圆形暗褐色病斑，直径约2～3厘米。空气潮湿时，病斑上可长出粉红色的分生孢子团，一般不引起落叶。

葡萄炭疽病为害茎蔓

葡萄炭疽病为害果实 （周小军）

葡萄炭疽病为害果实，病斑上产生许多轮纹状排列的小黑点

葡萄炭疽病病斑上长出粉红色胶质物

发生规律：葡萄炭疽病是由半知菌亚门黑盘孢目炭疽菌属侵染引起的。其有性世代为子囊菌亚门小丛壳属 [*Glomerella cingulata* (Stonem.) Spauld. et Schrenk] 真菌，但很少发生。病菌以菌丝体在枝蔓表皮组织及病残体上和芽节等部位越冬，并有潜伏侵染特性。当病菌侵入幼果后即潜伏滞育，到果实转色成熟时病菌迅速扩展。春季4～6月，气温回升至20℃以上时，带菌枝蔓经雨水淋湿后，形成大量孢子。病菌形成孢子的温

度为15～32℃，最适温度为25～28℃，12℃以下和36℃以上则不形成孢子。分生孢子借风雨、昆虫传播进行侵染。葡萄近成熟时，遇多雨天气病害迅速发展，病果可不断产生分生孢子，反复多次侵染，引起病害流行。地势低洼、排水不良、通风透光条件差等都利于发病。欧亚种葡萄发病重，欧美杂交种较抗病。刺葡萄等品种比较抗炭疽病；意大利、巨峰、红富士、黑奥林等品种抗性中等；贵人香、长相思、无核白、白牛奶、无核白鸡心、葡萄园皇后、玫瑰香、龙眼等品种比较敏感。果皮薄的品种发病较重。早熟品种可避病，晚熟品种常发病较重。

防治方法：①清园消毒。结合秋冬修剪，彻底清除病枝蔓和残存的病穗梗、僵果、卷须及地上落叶等，集中烧毁。春季萌芽绒球期，喷3～5波美度石硫合剂，消灭越冬菌源。②加强栽培管理。生长季及时摘心、处理副梢和绑蔓，改善通风透光条件；深沟高垄，注意排水，降低园内湿度。适当增施钾肥，提高植株抗病能力。③感病品种采用避雨栽培或果穗套袋。④药剂防治。幼果期结合其他病害防治用药。发病前选用保护性杀菌剂预防，可选用农药有：50%甲氧基丙烯酸酯（保倍液）水分散粒剂3 000～4 000倍液、70%丙森锌可湿性粉剂600～800倍液、25%嘧菌酯（阿米西达）悬浮剂1 000～2 000倍液、66.75%唑菌酮·代森锰锌（易保）水分散粒剂1 200～1 500倍液等；发病初期可选用10%苯醚甲环唑水分散粒剂2 000～3 000倍液、12.5%氟环唑悬浮剂1 000～1 500倍液、25%溴菌腈可湿性粉剂500倍液；膨大期以后还可用12.5%氟环唑悬浮剂3 000～3 500倍液、30%苯醚甲环唑·丙环唑乳油2 000～3 000倍液、43%戊唑醇悬浮剂5 000～7 500倍液、75%肟菌·戊唑醇（拿敌稳）水分散粒剂5 000倍液；套袋前可用97%抑霉唑硫酸盐4 000～5 000倍液或22.2%戴唑霉乳油1 200～1 500倍液处理果穗。在葡萄采收前半个月应停止喷药。幼果期最好不用三唑类杀菌剂，苯醚甲环唑·丙环唑套袋前施用浓度不能高于3 000倍液，后期施用时，对果粉有不利影响，对酿酒葡萄没有影响。43%戊唑醇悬浮剂早期只能用高倍液。25%溴菌腈可湿性粉剂500倍液早期可施用在巨峰、藤稔等厚皮品种上，薄皮品种如红地球、无核白、美人指等品种容易产生药害要慎重施用，不套袋葡萄，转色以后因药斑严重不能施用；咪鲜胺类能改变葡萄的口感和使酿酒葡萄发酵困难，采收前50天不能施用。

◆ 葡萄黑腐病

病原学名： *Guignardia bidwellii* (Ellis) Viala et Ravaz.

葡萄黑腐病是一种世界性的葡萄病害，在我国各葡萄产区都有发生，在东北、华北等地发生较多，一般为害不重，长江以南地区，如遇连续高温高湿天气，则发病较重。

症状： 主要为害果实、叶片、叶柄和新梢等部位。果粒受害，开始呈现紫褐色小斑点，病斑逐渐扩大，边缘褐色，中间部分为灰白色，稍凹陷，随着果实转熟，病斑继续扩大，后致病果软腐，失水干缩变为黑色或灰蓝色僵果，棱角明显，病果上布满清晰的小黑粒点，易受震动而脱落。叶片染病，叶脉间出现红褐色近圆形小斑，后扩大成边缘为黑褐色，中间

葡萄黑腐病为害叶片

为灰白或浅褐色的大斑，病斑上亦长有许多黑色小粒点，排列成隐约可见的轮环状。新梢染病，出现深褐色、长椭圆形稍凹陷的病斑，上面亦产生许多黑色小粒点，新梢生长受阻。

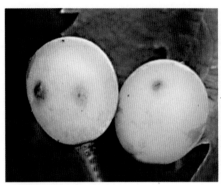

葡萄黑腐病为害果实　　　　　　　　　葡萄黑腐病严重为害果穗

发生规律：病原为葡萄球座菌，属子囊菌亚门真菌。无性阶段为葡萄黑腐茎点霉（*Phoma uvicola* Berk. et Curt.），属半知菌亚门真菌。病菌主要以分生孢子器、子囊壳或菌丝体在病果、病蔓、病叶等病残体上越冬。翌春末气温升高，遇雨或潮湿天气即释放出大量分生孢子或子囊孢子，借风雨或昆虫传播到叶片、果梗及果实上，遇适宜的水分和湿度即萌发入侵。子囊孢子萌发需36～48小时，在果实上的潜育期为8～10天，在枝蔓或叶片上为20～21天。分生孢子萌发只需10～12小时。发病后形成分生孢子继续再侵染，最适高温为22～24℃。黑腐病在温暖潮湿的季节容易发展，多雨季节易流行，高温、高湿利于该病发生。一般自6月至采收均可发病，几乎与白腐病同时发生，尤其近成熟期更易发病。管理粗放、肥水不足、虫害发生多的葡萄园易发病；地势低洼、土壤黏重、通风排水不良的果园发病重。华北地区8～9月正是多雨高温季节，适合该病的流行。在南方果粒成熟期气温为26.5℃，湿润持续6小时以上，该病易发生或流行。不同葡萄品种对黑腐病抗性有明显差异，欧洲系葡萄较感病，美洲系葡萄较抗病。

防治方法：①黑腐病菌可随苗木远距离传播，在引种时应注意检疫。②黑腐病流行地区，尽可能选用抗病品种。③做好秋冬季的修剪和清园工作，清除病残体，减少越冬菌源。翻耕果园土壤。发病季节及时摘除病果，剪除病枝梢，并集中深埋或烧毁，减少田间再侵染。④及时排水、修剪，降低园内湿度，改善通风透光条件，加强肥水管理，增施有机肥，及时铲除行间杂草，控制结果量，增强树势。⑤果实套袋。⑥药剂防治。早期喷药对防治黑腐病是非常重要的，春季萌芽绒球期喷3～5波美度石硫合剂或45%晶体石硫合剂40～50倍液。在开花前、花谢后和果实生长期可结合防治炭疽病、白腐病等进行，在花序展开至开花前10天，欧亚品种可用半量式（1∶0.5∶240）波尔多液，巨峰系品种可用等量式（1∶1∶240）波尔多液预防，或用80%代森锰锌可湿性粉剂600倍液，保护新梢、果实和叶片。谢花后30天，结合白腐病防治，可选用43%戊唑醇悬浮剂5 000倍液、24%腈菌唑悬浮剂3 000～3 500倍液、52.5%恶唑菌酮·霜脲氰（抑快净）水分散粒剂2 000～3 000倍液、20%唑菌胺酯水分散粒剂1 000～2 000倍液等喷施。以后根据天气状况，隔15天左右选晴天下午4时后再喷药一次。

◆ 葡萄铬黄花叶病

病原学名：Graope chrome mosaic virus（CCMV）

葡萄铬黄花叶病也叫黄点病或小黄点病。主要表现在叶片上，多在夏季出现。

症状：最初在叶片上发生轻微褪绿的浅黄色小斑点，散生，不定形。随着病斑的发展，黄色变浓，叶片上黄点也不断增多，黄斑密集处相互融合成不规则大斑，呈铬黄色花叶状，有时集中在中脉上或叶脉附近。天气炎热时或叶片衰老时黄化部分由铬黄色逐渐变为黄白色或褐色，造成叶片早期脱落。一般幼龄树症状明显，老树较轻。

葡萄铬黄花叶病为害叶片（正面）

葡萄铬黄花叶病为害叶片（背面）　　　　葡萄铬黄花叶病集中在中脉上或叶脉附近的病斑

　　发生规律：此病由葡萄铬黄花叶病毒（Grape chrome mosaic virus）引起，在自然情况下，可通过嫁接和汁液传染，通过修剪工具、机械摩擦和嫁接等方式传播，通过调运苗木、接穗、插条、砧木进行远距离传播。

　　防治方法：参考葡萄扇叶病。

◆ 葡萄扇叶病

　　葡萄扇叶病又名葡萄退化病，是一种病毒病害，葡萄扇叶病毒，属线虫传多面体病毒组(Nepoviruses)南芥菜花叶病毒(ArMV)亚组。在我国部分葡萄园有零星发生。感病植株衰弱，寿命短，平均减产在30%～50%。

葡萄扇叶病叶片

　　症状：病株叶片略成扇形，叶脉发育不正常，主脉不明显。由叶片基部伸出数条主脉。叶缘多齿，常有褪绿斑或条纹。其中黄化叶株系叶片黄化，叶面散生褪绿斑，严重时使整叶变黄。脉带株系病叶沿叶脉变黄，叶略畸形。枝蔓受害，病株分枝不正常，枝条节间短，常发生双节或扁枝症状，病株矮化。果实受害，果穗分枝少，结果少，果实大小不匀，落果严重。病株枝蔓木质化部分横切面呈放射状横隔。

葡萄扇叶病畸形叶　　　　　　　（引自邱强）

葡萄脉带型扇叶病　　　　　　　（引自邱强）

葡萄黄脉型扇叶病　　　　　　　（引自邱强）

葡萄镶脉型扇叶病　　　　　　　（引自邱强）

发生规律：葡萄扇叶病毒 [Grapevine fanleaf virus（简称GFLV）] 属线虫传多角体病毒组，机械传染，极易进行汁液接种，病毒可侵染胚乳，但不能侵染胚，故葡萄种子不能传播。在同一葡萄园内或邻近葡萄园之间的传播，主要以线虫为媒介。有两种剑线虫可传毒，即标准剑线虫和意大利剑线虫，尤以标准剑线虫为主，这种线虫的自然寄主较少，只有无花果、桑树和月季花，而这些寄主对扇叶病毒都是免疫的，不表现症状，扇叶病毒存留于自生自长的植物体和活的残根上，这些病毒构成重要的侵染源。长距离的传播，主要是通过感染插条、砧木的转运所造成。

防治方法：①加强检疫，防止病毒侵入和扩散。新建园必须从无病毒区引进苗木、插条或接穗。②建立无病母园，繁殖无病母本树，生产无病毒种苗。因此，须采用热处理与茎尖培养相结合的方法，培育无病毒苗木，进行无病毒栽培，才能控制葡萄病毒病的发生与蔓延。即将苗木置于38℃、适当光照条件下，经3个月然后切取茎尖分生组织；或用微型嫁接，以组织培养法培育无病毒母株，再采取母株上的接穗、枝条繁育无病毒苗木。③葡萄定植前施足充分腐熟的有机肥，生长期根据植株长势，合理追肥，注重氮、磷、钾配合，大量元素与微量元素结合使用，提高树体抗性。④治虫防病。可使用5%克线磷颗粒剂浸根，处理浓度为有效成分100～400毫克／升，浸5～30分钟。也可在播种育苗时，条施或点施，亩用量为250～300克。

二、葡萄生理性病害

◆ 葡萄裂果病

症状：葡萄裂果病多发生在果实近成熟期，果皮和果肉呈纵向开裂，裂口从葡萄粒顶部延伸到果梗部，甚至露出果核，常有果汁流出，既影响果实外观，又容易滋生腐生性的微生物，使果实腐烂变质，直接影响葡萄的商品价值。

发生原因及规律：①果实生长后期土壤水分不均匀，变化过大，果实膨压骤增所致。尤其是果实膨大期天气干旱，成熟期降水较多或人为灌溉，浆果急剧吸水，果实膨压增大，果皮胀破，发生裂果。一般在灌溉条件差、地势低洼及土质黏重的果园，生理裂果发生较重。②由于果穗过于紧密，随着果粒的增大，果粒间相互挤压而致。③赤霉

葡萄裂果 　　　　　（谢永强）

素、膨大剂等膨大处理不当，也会造成裂果。④缺钙也容易裂果。⑤氮肥施用量过多，氮、磷、钾比例失调，易发生裂果。⑥果实感染病害。如葡萄感染白粉病、炭疽病等，容易引起裂果。

葡萄裂果　　　　　　　　葡萄裂果　　　　　　　　（周小军）

防治方法：①选择疏松肥沃的土壤建园。对土质差、透气性不好的葡萄园应通过施增有机肥、石灰进行土壤改良。②合理排灌。在果实迅速膨大期，应使园内土壤保持湿润，干旱时适时灌水，雨季及时排水，做到排灌畅通；果实生长后期，干旱需浇水时，避免大水漫灌。在葡萄园采取铺设地膜或覆盖草（农作物秸秆）等措施，可有效防止园内土壤水分剧烈变化。有条件的可用设施栽培和管道微滴灌溉，有效控制土壤水分。③增施有机肥，深翻改土，改善土壤理化性质，避免土壤水分骤变。④在硬核期至果实转色初期，增施钾肥，能减轻裂果，并提高含糖量，增强抗病能力。⑤果实套袋。⑥避雨栽培。不仅能减轻裂果，还能有效降低病害发生概率。⑦喷施硼、钙肥。谢花后喷布富利硼1 500倍液或0.1%硼砂液，加绿芬威3号1 000倍液（或其他液态钙肥），每隔10～15天喷一次，连喷2～3次。⑧合理使用膨大剂和农药，以免使用不当造成裂果。

◆ 葡萄日烧病（日灼病）

日灼病是葡萄果实等组织受日光直射，在土壤过湿或过干的条件下，根吸水量与叶片蒸腾量失去平衡而产生的一种生理性病害。

症状：主要发生在果穗肩部和向阳面，受害果粒先是在果面上出现水烫状褐色斑点，后果实表面皱缩，逐渐扩大形成褐色椭圆形凹陷斑，严重

葡萄日灼病　　　　　　　　（谢永强）

时导致落粒或脱水成干果。卷须、新梢尚未木质化的顶端幼嫩部位也可遭受日灼伤害，致梢尖或嫩叶萎蔫变褐。

发生原因及规律：果穗裸露于阳光下，受高温、空气干燥与阳光的强辐射作用，果粒表皮组织水分失衡，发生灼伤。此外，果实表面局部温度过高，以致被阳光灼伤。病害多发生在裸露于阳光下的果穗上，硬核期的浆果较易发生日烧病，以朝西南的果粒表面为多，发病重，果实着色以后便较少受害。连续阴雨天突然转晴后，受日光直射，果实易发生日灼；枝叶修剪过度，副梢处理

葡萄日灼病　　　　（周小军）　葡萄日灼病　　　　　　（谢永强）

不当，果穗、果粒直接裸露在阳光下，易发生日灼病。偏施氮肥，树势徒长，幼嫩叶多，水分蒸腾量大，则果实发病重。缺钙明显的园地，由于葡萄根系发育不良，易发病。

防治方法：①最好选择地势高、耕作层深厚、土质好、肥力高、透气性好、能排能灌的地块建园。②秋冬季要深施充分腐熟的有机肥，结合亩施生石灰30～60千克，避免过多施用速效氮肥，以培养稳健的树势。③做好开沟排水及灌溉工作，做到雨停沟干。少雨时要进行灌溉，最好采用滴灌。④枝梢处理时，对距果穗上部最近的副梢留2～3叶摘

心，同时抹除摘心口的副芽眼（以免再抽副梢），避免果穗受阳光直射。⑤谢花后用绿芬威3号1 000倍液（或其他水溶性钙）加0.2%磷酸二氢钾喷布果穗及叶片，每隔10～15天喷一次，连喷2～3次，可减轻和避免日灼病发生。

◆ 葡萄水罐子病

葡萄水罐子病也称转色病，东北称水红粒，是葡萄上常见的生理性病害。该病发生在浆果转色至成熟期。

葡萄水罐子病　　　　　（周小军）

症状：一般在穗尖和副穗上先发生，严重时扩展至全穗。果粒发病后，松软、病果糖度降低、味酸、果皮与果粒极易分离，用手轻掐水滴成串溢出，成为一泡酸水，故有"水罐子"之称。病果粒与果柄外易产生离层，极易脱落。该病会阻碍有色品种的着色，表现出着色不正常，果皮色暗淡失去光泽；而白色品种表现为果粒呈水泡状。

发生原因及规律：此病主要是营养不良和生理失调所致。一般在土层浅、根系发育不良、树势弱、摘心重、负载量过多、肥料不足和有效叶面积少时，病害发生严重。沙土、砾质沙土比沙壤土、轻壤土发病重；地下水位高或果实成熟期遇雨，尤其在高温后遇雨，田间湿度大，温度高，影响养分的转化，此病发生重。

葡萄水罐子病　　　　　（周小军）

防治方法：①深翻改土，增施有机肥。10月份亩施腐熟禽畜粪

3 000～5 000千克，结合亩施生石灰30～60千克，进行深翻改土，形成土层深厚、疏松、肥沃的土壤条件，促进根系生长。②合理负载。一般每结果枝上留1串果穗，弱枝不留，强壮枝可留2串，亩产量控制在1 500～2 000千克。③膨大期和果实转色初期，增施钾肥，亩施硫酸钾20～30千克，或高钾复合肥30～50千克，分两次开沟施入，同时，根外喷施0.2%～0.3%磷酸二氢钾液2～3次。④及时排灌水。雨季及时排水，干旱时及时灌水。

◆ 葡萄缩果病

症状：又称气灼病。主要为害果实，最初在果肉内生成芝麻粒大的浅褐色斑点，在硬核期迅速发展扩大，形成近圆、椭圆或长圆形病斑，大小不等，大病斑可达果粒表面1/3。病斑初时为淡褐色，后变浅褐色或暗红、暗灰色，病部凹陷，似手指的压痕，病部下的果肉维管束发生木栓化收缩、失水并褐变，皮下似有空洞，果粒一般不脱落。严重时，一个果粒会发生几个病斑，果粒近一半受害，生长中止。揭开病部果皮，局部果肉宛如压伤状，果实成熟后，病果肉硬度如初。病斑常发生在果粒近果梗的基部或果面中上部。

葡萄缩果病　　　　　　　　　　　葡萄缩果病纵剖面

发生原因及规律：缩果病一般在果实硬核期发生，与天气、土壤及营养元素失衡有关。在南方，葡萄果实硬核期前往往遇阴雨天气，土壤水分饱和，此时再遇晴热天气，极易诱发缩果病。此外，土壤板结、黏性重、酸性强或砂质土壤，钙、硼元素贫乏或易流失，缩果病均重；园地排水不畅，长期积水，土壤过湿，发病重；氮肥过多，长势过旺，营养失衡的葡萄园，缩果病发生也较重。不管是欧亚种还是欧美杂交种葡萄，均可发生缩果病，尤以欧亚种中的红地球发病较重，藤稔、红富士、美人指等品种也易发病，巨峰、京玉等品种发病较轻。

美人指葡萄缩果病

防治方法：①采用深沟高畦栽培。畦沟深度要达到40～50厘米，葡萄园四周沟深要达60厘米，使排水畅通，提高根系吸收功能；②深翻改土。每年10月中下旬至11月上旬亩施腐熟禽畜粪3 000～5 000千克，结合施生石灰30～60千克，进行深翻改土，改善土壤理化性质，促进根系生长。③硬核期不疏果，不控梢，不摘心，以免加剧发病。④及时排灌水，保持园土湿润，避免土壤过湿过干。⑤喷施钙、硼肥。谢花后喷布富利硼1 500倍液或0.1%硼砂液加绿芬威3号1 000倍液（或其他液态钙肥），每隔10～15天喷一次，连喷3～4次。

◆ 葡萄缺氮症

症状：葡萄缺氮时首先新梢叶片变黄，新生叶片变薄变小，呈黄绿色。老叶黄绿带橙色或变成红紫色；新梢节间变短，花序少而小，花器分化不良，落花落果严重，果穗、果粒小，品质差，香味淡。氮素严重不足时，新梢下部的叶片变黄，甚至提早落叶。

发生原因及规律：土壤瘠薄，沙性重，土壤有机质含量低，土壤过干或过湿，容易出现缺氮现象。缺氮的叶片症状最早在果粒着色期出现，这是由于邻近果穗的叶片中的氮转移到果粒所致。

防治方法：①葡萄定植时和每年秋、冬季要开沟施足优质的有机肥料，以改善土壤结构，保持土壤有充足的肥力。②生长势弱的树，春季葡

葡萄缺氮前期　　　　　　　　（谢永强）　　葡萄缺氮症　　　　　　　　　（谢永强）

萄萌芽初期适量追施氮肥，亩用尿素10～15千克，谢花后和果实膨大初期氮、磷、钾配合施用，每次亩施复合肥20～30千克；采收后及时追施速效氮肥，增强后期叶片的光合作用，对树体养分的积累和花芽分化有良好的作用。③叶面喷肥。当出现缺氮症状时，可及时喷0.2%～0.3%尿素液，最好结合喷施0.2%磷酸二氢钾，隔10～15天一次，连喷2～3次。

◆ 葡萄缺磷症

症状： 葡萄缺磷时，植株生长缓慢，叶片小，叶色初为暗绿，逐渐失去光泽，叶缘向下，但不卷曲。叶边发红焦枯，最后变为青铜色，严重缺

葡萄缺磷症　　　　　　　　　（谢永强）

磷时叶片呈暗紫色，老叶首先表现症状。叶片变厚、变脆，发生早期落叶，花序、果穗变小，果实含糖量降低，成熟推迟。产量少，品质差。

发生原因及规律： 磷在酸性土壤上易被铁、铝的氧化物所固定而降低其有效性；在碱性或石灰性土壤中，磷又易被碳酸钙所固定，所以在酸性强的新垦红黄壤或石灰性

葡萄缺磷叶缘向下，但不卷曲。叶边发红焦枯　葡萄缺磷症　　　　　　　（谢永强）
（谢永强）

土壤上，均易出现缺磷现象；土壤熟化度低的以及有机质含量低的贫瘠土壤也易缺磷；由于低温影响土壤中磷的释放和抑制葡萄根系对磷的吸收，而导致葡萄缺磷。

防治方法：①矫正葡萄缺磷，应早施磷肥，作基肥施入。在秋冬施有机肥时，结合亩施50～80千克过磷酸钙（碱性土壤）或50～100千克钙镁磷肥（酸性土壤）。②酸性土壤结合施用有机肥，亩施石灰40～70千克，调节土壤pH，以提高土壤磷的有效性；③及时中耕排水，提高地温，增施腐熟的有机肥料，促进葡萄根系对磷的吸收。④应急追肥，当症状出现时及时用1%过磷酸钙浸出（浸24小时）过滤液，或用0.2%磷酸二氢钾喷布树冠，间隔10天左右一次，连喷2～3次。在果实膨大至转色期进行2～3次根外追施0.2%磷酸二氢钾，提高果实品质。

◆ 葡萄缺钾症

葡萄常需要较多的钾，总量略高于氮的需求量，因此，即使在含钾量丰富的土壤上，葡萄也常常发生缺钾症。

症状：在生长季节初期缺钾，叶色浅，沿幼嫩叶肉的边缘出现坏死斑点，在干旱条件下，坏死斑分散在叶脉间组织上，叶缘变干，并逐渐由边缘向中间枯焦，叶片往上卷或往下卷，叶肉扭曲和表面不平。夏末，新梢基部直接受光的老叶，变成紫褐色或暗褐色，先从叶脉间开始，逐渐覆盖全叶的正面。特别是果穗过多的植株和靠近果穗的叶片，变褐现象尤为明显。因着色期成熟的果粒成为钾汇集点，因而其他器官缺钾更为突出。严

葡萄缺钾症　　　　　　　　　（谢永强）　葡萄缺钾症　　　　　　　　　（谢永强）

葡萄缺钾边缘枯焦　　　　　　（谢永强）　葡萄缺钾症

重缺钾的植株，果穗少而小，穗粒紧，色泽不匀，果粒小。无核白品种可见到果穗下部萎蔫，采收时果粒变成干果粒或不成熟。

　　发生原因及规律：在细沙土、酸性土以及有机质少的土壤上，易表现缺钾症。在沙质土中施石灰过多，可降低钾的可给性，在轻度缺钾的土壤中施氮肥时，刺激果树生长，更易表现缺钾症。7月初，葡萄叶柄中钾的含量低于1.5%时，即可见缺钾症状。土壤中速效钾低于40毫克/千克时发病严重。

　　防治方法：①增施有机肥，如土肥或草秸，改变土壤结构以提高土壤肥力和含钾量。②果园缺钾时，于6～7月份可每株施草木灰0.5～1千克，或硫酸钾80～100克或根外喷施2%～3%草木灰浸出液或0.2%硫酸钾或0.2%磷酸二氢钾。③果实膨大期至转色期根外喷施0.2%磷酸二氢钾或0.2%硫酸钾，每隔10天左右喷一次，连喷3～4次。

◆ 葡萄缺硼症

症状：葡萄缺硼最初在新梢顶端的幼叶出现浅黄色褪绿斑，渐连成一片，最后变黄褐色枯死；叶片明显变小、增厚、发脆、皱缩；严重时叶畸变或引致叶缘焦枯。开花时花冠不开裂，变成赤褐色，留在花蕾上。花序干缩，结实不良。在果粒增大期缺硼，果肉内部分裂，组织枯死变褐；硬核期缺硼，果实周围维管束和果皮外壁枯死变褐。

葡萄缺硼叶片明显变小、增厚、发脆、皱缩
　　　　　　　　　　　　　　　　　（谢永强）

葡萄缺硼幼叶生长点变黑坏死，叶缘变黑

葡萄新叶缺硼

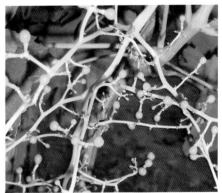

葡萄缺硼引起幼果结实不良　　　　（谢永强）

发生规律：土壤有机质含量低、pH高达7.5 ～ 8.5或呈沙性葡萄容易发生缺硼症。此外，根系分布浅或受线虫侵染阻碍根系吸收功能，以及土壤黏重，也容易出现缺硼症。在过于干旱的年份和浇水少的园地，易出现缺硼症，特别是在花期前后土壤过于干旱时更易加重缺硼症的发生。

葡萄缺硼果皮外壁变褐

葡萄缺硼产生大小粒果穗　　　　　（谢永强）

葡萄缺硼果实周围维管束变褐（下排）

防治方法：①每年秋冬深施有机肥改土，并株施硼砂25克左右。②早春天气干旱，要及时浇灌，缺硼土壤在花期前后当天气干旱少雨时适当灌水施肥可减轻缺硼落粒现象。③叶面喷硼。花前3周、初花期、谢花期分别喷1 000～1 500倍液的水溶性硼（如多聚硼、富利硼等），或0.1%的硼砂(或硼酸)溶液，可提高坐果率和果实品质。

葡萄缺锌症

症状：在夏初副梢旺盛生长时，常见叶片斑驳，新梢和副梢生长量少，新梢顶部叶片狭小，叶稍弯曲，叶肉褪绿而叶脉浓绿，叶片基部裂片发育不良，无锯齿或少锯齿，叶柄洼浅。有些品种尚具有波状边缘。果穗往往生长散乱，果粒较正常少，出现大小粒，不整齐，产量下降。

葡萄缺锌叶肉褪绿而叶脉浓绿　　　　　　　（谢永强）

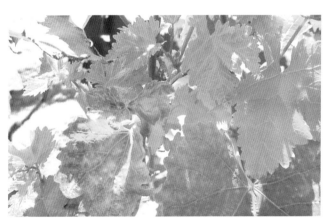

葡萄缺锌产生叶斑驳　　　　　　　　（谢永强）

发生规律：在自然界，锌存在于各种土壤，当土壤中的有效锌低于0.9毫克/千克时，果树表现缺锌症状。沙质土壤含锌盐少，且易受雨水冲刷而流失；碱性土壤锌盐易转化成不可利用状态，不利于葡萄的吸收和利用，易引起葡萄缺锌。如果土壤含磷高或施用了大量的氮和磷，也往往会引起果树缺锌。在栽培品种中，欧亚种葡萄对缺锌较为敏感，尤

葡萄缺锌症　　　　　　　　　　　（谢永强）

其是一些大粒型品种和无核品种如红地球、森田尼无核等对锌的缺乏更为敏感。

防治方法：①改良土壤结构，增施有机肥。结合秋冬施基肥，拌入硫酸锌2～3千克/亩或锌铁混合肥2～3千克／亩，可保持后效3～5年。②涂枝法。冬春修剪后，用硫酸锌涂抹结果母枝。即每升水加36%硫酸锌117克，把硫酸锌慢慢地加入水中，并快速搅拌，使其完全溶解。③叶面喷布。葡萄开花前后分别喷布0.1%～0.3%硫酸锌，不仅能促进浆果正常生长、提高产量和含糖量，同时也可促进果实提早成熟。

◆ 葡萄缺铁症

症状：葡萄缺铁症状最初出现在幼叶上，叶脉间黄化，叶小而薄，叶肉由黄色到黄白色，再变为乳白色，仅沿叶脉的两侧残留一些绿色，新梢上的幼嫩叶片最先表现症状。当缺铁严重时，更多的叶面变黄，甚至呈白色。叶片严重褪绿部位常变褐和坏死，老叶则仍为绿色，这是缺铁症的特有症状。严重受影响的新梢生长减少，花穗和穗轴变浅黄色，花蕾脱落，坐果率严重下降。

发生原因及规律：铁的作用是促进多种酶的活性，缺铁时叶绿素的形成受到影响致叶片褪绿。而铁在葡萄体内不能从老叶转移到新叶中，因此新梢或新展开的叶片易显症。黏土、土壤排水不良、土温过低或含盐量增高都容易引起铁的供应不足。尤其是春季寒冷、湿度大或晚春气温突然升高新梢生长速度过快易诱发缺铁。生产中由于铁在土壤中易结合成不能利用的化合物，致检测总铁量与实际铁量对不上号，所以较难诊断。土壤瘠薄、管理粗放的果园，及营养元素易流失的沙砾地果园等，易发生缺铁症。沙质土上的葡萄园，在幼树新梢迅速生长期，遇大雨，几天内即表现出缺铁症。土壤中钙素过多时，土壤偏碱性而板结，使铁、锰、硼、锌等呈不溶性，引起缺铁症发生。一般海涂地或碱性土壤易发生缺铁症，西北、西南地区的葡萄缺铁症严重，东部沿海地区也有缺铁现象。不同品种对缺铁的敏感性不同，其中以欧美杂交品种如巨峰、京亚、藤稔等对铁的缺乏最为敏感，最易发生缺铁性黄化。

葡萄缺铁新梢上的幼嫩叶片最先表现症状，新叶整片褪绿发白

（谢永强）

葡萄缺铁叶色褪绿，叶片薄　　　　　　　　（谢永强）

葡萄缺铁叶脉间黄化，沿叶脉的两侧残留一些绿色　　（谢永强）

防治方法：缺铁症的防治一要补充铁，二要注意改良土壤，促进土壤中的铁转化为可利用状态。①重视葡萄园土壤改良，增施有机肥，深耕改土，防止土壤盐碱化和过分黏重。②土壤施铁。缺铁严重的葡萄园可在秋冬结合深施有机肥，株施硫酸亚铁200克。③根外追肥。叶面喷施0.2%硫酸亚铁溶液，或叶片喷施螯合铁肥，生长前期7～10天喷一次，连续喷3～4次。为了增强葡萄叶片对铁的吸收，喷施硫酸亚铁时可加入少量食醋和0.3%尿素液，可促进叶片对铁的吸收、利用和转绿。

◆ 葡萄缺镁症

果树中以葡萄最容易发生缺镁症。果树缺镁症主要是土壤中缺少可给态的镁引起的。

症状：从植株基部的老叶开始发生，最初老叶脉间褪绿，继而脉间发展成带状黄化斑纹，多从叶片的内部向叶缘发展，逐渐黄化，最后叶肉组织黄褐坏死，仅剩下叶脉保持绿色。缺镁在生长初期症状不明显，从果实膨大期开始显症并逐渐加重，尤其是坐果量过多的植株，果实尚未成熟便出现大量黄叶，病叶不会马上脱落，严重时引起枯黄，提早脱落。

发生原因及规律：主要是由于土壤中置换性镁不足，多因土壤有机质含量低，沙性重，易造成土壤中镁元素供应不足。其次，酸性土壤中镁元

葡萄缺镁老叶脉间褪绿 　　　　　（谢永强）

葡萄缺镁叶肉组织黄褐坏死 　　　　（周小军）

葡萄缺镁叶脉间发展成带状黄化斑纹（前期）
　　　　　　　　　　　　　（谢永强）

葡萄缺镁叶脉间发展成带状黄化斑纹（后期）
　　　　　　　　　　　　　（周小军）

葡萄缺镁症 　　　　　　　　（谢永强）

葡萄缺镁叶片

素较易流失，所以南方葡萄园发生较普遍。此外，钾肥施用过多，也会影响镁的吸收，诱发缺镁。

防治方法： ①每年秋冬每亩深施有机肥1 500～3 000千克，钙镁磷肥75～100千克，酸性土壤结合施有机肥亩施石灰50～80千克，以中和土壤的酸性。②缺镁葡萄园可在坐果后至果实膨大期，结合施用钾肥，株施硫酸镁50～100克，同时视缺镁程度可根外喷布0.3%硫酸镁液。缺镁严重的，每隔15天一次，连喷3～4次。

◆ 葡萄缺钙症

症状： 钙在葡萄树体内不易移动，缺钙时表现生长点受阻，根尖和

顶芽生长停滞，根系萎缩，根尖坏死，幼叶脉间及边缘褪绿，渐成褐色枯斑，缺钙严重时茎蔓先端枯死。果实向阳的一面呈黄色，皮孔周围有白色晕环；缺钙同时易发生缩果病和裂果。

葡萄缺钙叶片边缘褪绿 　　　　　　（谢永强）

葡萄缺钙症 　　　　　　（谢永强）

葡萄缺钙叶脉间褪绿，形成褐色枯斑 　（谢永强）

发生原因：酸性土壤和有机肥缺乏的沙性土壤，钙易流失而发生缺钙症；过多使用钾肥和铵态氮肥与钙产生拮抗作用，会抑制根系对钙的吸收，造成缺钙。土壤过于干燥会影响对钙的吸收发生缺钙。

防治方法：①改良土壤、中和土壤酸性。每年10月中下旬至11月上旬结合施腐熟禽畜粪3 000～5 000千克/亩，施生石灰40～80千克/亩（土壤黏重酸性强用量大些，亩施生石灰75～80千克；反之沙性土用量少些，亩施生石灰30～50千克），深翻改土，调节土壤pH，改善土壤理化性状。②及时排灌水，保持园土湿润，避免土壤过湿过干。③叶面喷施钙肥。谢花后喷布绿芬威3号1 000倍液或0.3%～0.5%硝酸钙或1%过磷酸钙浸出液，隔10天左右一次，连续喷3次。

◆ 葡萄落花落果

症状：落花落果通常是指花前1周的花蕾和开花后子房的大量脱落。花穗上的花蕾很多，能受精坐果的仅20%～40%，其余花朵均不能受精而脱落，这是植株本身的自疏现象，称为正常的落花落果。由于受环境条件影响，受精坐果率在20%以下，低于正常值，其余的花朵均脱落，称为落花落果症。

发生原因及规律：由于外界环境条件的变化，影响受精而造成大量落花落果。如花期遇干旱或阴雨连绵，或刮大风或遇低温等，都能造成受精不良而大量落花落果；施氮肥过多，花期新梢徒长，营养生长与生殖生长争夺养分，养分过多地消耗在新梢生长上，使花穗发育营养不足而造成落花落果；植株缺硼，限制花粉的萌发和花粉管正常的生长，会严重影响坐果率。

葡萄落花落果　　　　　　　（周小军）

葡萄落花落果 (周小军)

　　防治方法：①摘心控梢。对落花落果严重的品种，如玫瑰香、巨峰等可在初见花（始见第一朵花）时立即摘心，以控制营养生长，促进生殖生长。②扭梢。对生长势强、营养生长过旺的品种可通过对结果枝扭梢（在结果枝半木质化时进行）削弱其生长势，并在花期前后适当追施磷、钾肥和控制氮肥施用，有利于提高坐果率。③开花前喷3 000～5 000毫克／升丁酰肼或矮壮素等生长调节剂，可抑制营养生长，改善花期营养状况。④花前花后分别喷1 000～1 500倍水溶性硼（富利硼、多聚硼等），可提高坐果率。也可在离树干30～50厘米处每株撒施硼砂20克左右，施后喷灌水，均可防止因缺硼所致的落花落果。

葡萄主要虫害及其防治

◆ 葡萄天蛾

学名：*Ampelophaga rubiginosa* Bremer et Grey

葡萄天蛾属鳞翅目天蛾科，又名车天蛾。

为害状：以幼虫食害叶片，低龄虫食成缺刻与孔洞，稍大便将叶片食尽、残留部分粗脉和叶柄，严重时可将叶吃光。受害葡萄架下常有大粒虫粪，可依此发现幼虫，人工捕捉。

形态特征：成虫体长约45毫米、翅展约90毫米，体肥大，呈纺锤形，翅茶褐色，背面色暗，腹面色淡，近土黄色。体背中央自前胸到腹端有1条灰白色纵线，复眼后至前翅基部有1条灰白色较宽的纵线。触角短栉齿状，前翅各横线均为暗茶褐色，中横线较宽，内横线次之，外横线较细呈波纹状，前缘近顶角处有1暗色三角形斑，斑下接亚外缘线，亚外缘线呈波状，较外横线宽。后翅周缘棕褐色，中间大部分为黑褐色，缘毛色稍红。翅中部和外部各有1条暗茶褐色横线，翅展时前、后翅两线相接，外侧略呈波纹状。卵球形，直径约1.5毫米，表面光滑。淡绿色，孵化前淡黄绿色。初龄幼虫体绿色，头部呈三角形、顶端尖，尾角很长，端部褐色。老熟幼虫体长约80毫米，绿色，体表布有横条纹和黄色颗粒状小点。头部有两对近于平行的黄白色纵线，分别于蜕裂线两侧和触角之上，均达头顶。前、中胸较细小，后胸和第一腹节较粗大。第八腹节背面中央具1锥状尾角。胴部背面两侧(亚背线处)有1条纵线，第二腹节以前黄白色，其后白色，止于尾角两侧，前端与头部颊区纵线相接。中胸至第七腹节两侧各有1条由前下方斜向后上方伸的黄白色线，与体背两侧之纵线相接。第一至七腹节背面前缘中央各有1深绿色小点，两侧各有1黄白色斜短线，于各腹节前半部，呈八字形。气门9对，生于前胸和1～8腹节，气门片红褐色。臀板边缘淡黄色。蛹体长49～55毫米，长纺锤形。初为绿色，逐渐背面呈棕褐色，腹面暗绿色。足和翅脉上出现黑点，断续成线。头顶有1卵圆形黑斑。臀棘黑褐色较尖。夏蛹具薄网状膜，常与落叶黏附在一起。

葡萄天蛾幼虫

葡萄天蛾成虫

生活史及习性：东北地区一年发生1代，华北以南地区一年发生2代，以蛹在落叶下或表土层内越冬。翌年5月中旬至5月底羽化，6月上中旬为成虫羽化盛期。成虫有趋光性，白天潜伏，黄昏时在葡萄株间飞舞，交配后24～36小时产卵。卵多产于叶背或嫩梢上，单粒散产。每雌一般可产卵400～500粒。成虫寿命7～10天，卵期约7天。6月中下旬出现第一代幼虫，多于叶背主脉或叶柄上栖息，夜晚取食，白天静伏，栖息时以腹足抱持枝或叶柄，头胸部收缩稍扬起，后胸和第一腹节显著膨大。受触动时，头胸部左右摆动，口器分泌出绿水。幼虫活动迟缓，一枝叶片食光后再转移邻近枝。幼虫期40～50天，7月中旬幼虫陆续老熟入土化蛹，蛹期10余天。7月底8月初可见成虫，8月上旬可见二代幼虫为害。9月下旬至10月上旬，幼虫入土化蛹越冬。

防治方法：①冬季翻土，蛹期可在树木周围耙土、锄草或翻地，杀死越冬虫蛹。②利用天蛾成虫的趋光性，在成虫发生期用黑光灯、频振式杀虫灯等诱杀成虫。③捕捉幼虫。利用幼虫受惊易掉落的习性，根据地面和叶片上的虫粪、碎叶片，在幼虫发生时将其振落捕杀。④药剂防治。

幼虫发生初期（三至四龄前）可选喷20%氟虫双酰胺水分散粒剂3 000倍液、10%阿维·氟酰胺悬浮剂1 500倍液、2.2%甲维盐乳剂1 500倍液、20%氯虫苯甲酰胺悬浮剂3 000倍液、20%除虫脲悬浮剂3 000～3 500倍液、20%虫酰肼（米满）悬浮剂1 500～2 000倍液、5%氟虫脲（卡死克）2 000倍液；虫口密度大时，抓住幼虫发生初期喷药杀死幼虫，药剂可选用2.5%三氟氯氰菊酯（功夫菊酯）乳油2 500～3 000倍液、2.5%溴氰菊酯2 000～3 000倍液等。⑤保护螳螂、胡蜂、茧蜂、益鸟等天敌。

◆ 雀纹天蛾

学名：*Theretra japonica* Orza

又名日斜天蛾、小天蛾、葡萄斜条天蛾、爬山虎天蛾。属鳞翅目天蛾科。为害葡萄、蛇葡萄、常春藤、芋等。

为害状：低龄幼虫食叶成缺刻与孔洞，稍大常将叶片吃光，残留叶柄和粗脉。

形态特征：成虫体长27～38毫米，翅展59～80毫米，体绿褐色或棕褐色，体背略呈棕褐色。头、胸部两侧及背部中央有灰白色绒毛，背线两侧有橙黄色纵线；腹部两侧橙黄色，背中线及两侧有数条不甚明显的灰褐至暗褐色平行的纵线。触角短栉状，淡灰褐色；复眼赤褐色。前翅黄褐色或灰褐色微带绿，后缘中部白色；中室上有1个小黑点；翅顶至后缘有6～7条暗褐色斜线。外缘有微紫色的带。后翅黑褐色，臀角附近有橙黄色的三角形斑；外缘灰褐色，缘毛暗黄色。卵短椭圆形，约1.1毫米，淡绿色。幼虫体长70毫米，有褐色与绿色两种色型。褐色型全体褐色，背线淡褐色，第二腹节以后不明显；亚背线色浓，后部色较深，于尾角两侧相合；后胸亚背线上有1黄色小点；第一、二腹节亚背线上各有1较大的眼状纹，中心部为赤褐色圆点，外转黄色，外廓黑褐色，第一腹节者较大；第三腹节亚背线上有1稍大

雀纹天蛾成虫

雀纹天蛾低龄幼虫

雀纹天蛾幼虫（绿色型）

雀纹天蛾幼虫（褐色型）

雀纹天蛾蛹

的黄色斑纹，其外廓略呈紫褐色；第一至七腹节两侧各有1条暗色向后方伸的斜带；尾角细长而弯曲，赤褐色，上面微带黑色。胸足赤褐色。绿色型全体绿色，背线明显，亚背线白色，其上方为浓绿色，其他斑纹同褐色型。蛹长36～38毫米，茶褐色，被细刻点。臀刺较尖，黑褐色。气门黑褐色。

生活史及习性：北京一年发生1代，南昌4代，各地均以蛹越冬。北京越冬蛹5～6月羽化，南昌第一代成虫4月下旬至5月中旬出现，第二代6月中旬至7月上旬，第三代7月下旬至8月中旬，第四代9月上旬至下旬。成虫昼伏夜出，黄昏开始活动，喜食花蜜，有趋光性。卵散产于叶背，每处1粒。幼虫喜在叶背取食，老熟后潜入表土层化蛹，以5～10厘米深土层内为多。

防治方法：参考葡萄天蛾。

◆ 斜纹夜蛾

学名：*Prodenia litura* (Fabricius)

又名莲纹夜蛾、斜纹夜盗蛾，俗称花虫、黑头虫，属鳞翅目夜蛾科，是一种间歇性发生的暴食性、杂食性害虫，寄生范围极广，多达99个科290多种植物。

为害状：初孵幼虫集中在叶背为害，残留透明的上表皮，使叶形成纱窗状，三龄后分散为害，四处爬散或吐丝下坠转移为害，取食叶片或较嫩部位造成许多小孔；四龄以后随虫龄增加食量骤增。虫口密度高时，叶片被吃光，仅留主脉，呈扫帚状。发生严重时还可为害嫩茎和幼果。

形态特征：成虫体长约14～20毫米，翅展35～46毫米，体暗褐色，胸部背面有白色丛毛，前翅灰褐色，花纹多，内横线和外横线白色、呈波浪状、中间有明显的白色斜阔带纹，所以称斜纹夜蛾。卵为扁平的半球状，初产黄白色，后变为暗灰色，块状黏合在一起，上覆黄褐色绒毛。老熟幼虫体长35～47毫米，头部黑褐色，胴部土黄色、青黄色、灰褐色或暗绿色，背线、亚背线及气门下线均为灰黄色及橙黄色。从中胸至第九腹节在亚背线内侧有三角形黑斑1对，其

斜纹夜蛾成虫

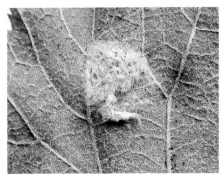

斜纹夜蛾已孵卵块

斜纹夜蛾初孵幼虫

中以第一、七、八腹节的最大。胸足近黑色，腹足暗褐色。蛹长15～20毫米，赭红色。腹部背面第四至七节近前缘处各有1个小刻点，臀棘短，有1对强大而弯曲的刺，刺的基部分开。

斜纹夜蛾幼虫

斜纹夜蛾低龄幼虫及为害状

斜纹夜蛾幼虫及为害状

斜纹夜蛾蛹

生活史及习性：在长江流域一年发生5～6代，世代重叠，以蛹在土下3～5厘米处越冬。常在夏、秋季大量发生，长江流域多在7～8月大发生，黄河流域多在8～9月大发生。成虫昼伏夜出，飞翔能力强，有强烈的趋光性，还对糖、醋、酒及发酵的胡萝卜、麦芽、豆饼、牛粪等有趋化性；卵多产于植株中、下部叶片的反面，多数多层排列，每只雌蛾能产卵3～5块，每块约有卵位100～200个，卵孵化适温为24℃左右，经5～6天就能孵出幼虫，幼虫有假死性及自相残杀现象。初孵时聚集叶背卵块附近昼夜取食叶肉，二至三龄后转移分散为害，四龄以后和成虫一样，白天躲在叶下土表处或土缝里，傍晚后爬到植株上取食叶片。幼虫在气温25℃

时，历经14～20天入土1～3厘米作土室化蛹，蛹期为11～18天。斜纹夜蛾发生的最适温度为28～32℃，相对湿度为75%～85%，土壤含水量为20%～30%。在浙江第一至五代发生期分别为6月中下旬到7月中下旬、7月中下旬至8月上中旬、8月上中旬至9月上中旬、9月上中旬至10月中下旬、10月中下旬至11月下旬。

防治方法：①清洁田园。铲除田间以及周边杂草，收获后深翻整地，可以杀死一部分越冬蛹，减少翌年虫源。②利用成虫的趋光性，设置频振式杀虫灯诱杀成虫。③糖醋液诱杀成虫。糖6份、醋3份、白酒1份、水10份、90%敌百虫1份调匀，在成虫发生期设置，均有诱杀效果。某些发酵变酸的食物，如甘薯、胡萝卜、烂水果等加入适量药剂，也可诱杀成虫。④根据该虫卵多产于叶背叶脉分叉处和初孵幼虫群集取食的特点，在农事操作中摘除卵块和幼虫群集叶，可以大幅度降低虫口密度。⑤应用生物农药和高效、低毒、低残留农药，在卵孵高峰至低龄幼虫盛发期，突击用药。初孵幼虫聚集在卵块附近活动，三龄后分散，因此最好在三龄前施药。斜纹夜蛾幼虫具昼伏夜出的特性，因此以傍晚喷药为佳。最好是选在傍晚6时以后施药，使药剂能直接喷到虫体和食物上，触杀、胃毒并进，增强毒杀效果。低龄幼虫药剂可选用苜蓿夜蛾核多角体病毒（奥绿一号）600～800倍液、苏云金杆菌（生绿Bt）粉剂500倍液、5%定虫隆（抑太保）乳油2 000～2 500倍液、20%氯虫苯甲酰胺（康宽）悬浮剂3 000～4 000倍液、24%甲氧虫酰肼（美满）乳油2 500～3 000倍液、5%氟虫脲（卡死克）乳油2 000～2 500倍液、55%毒·氯氰（农蛙）乳油或5%伏虫隆（农梦特）乳油2 000～2 500倍液。高龄幼虫可用15%茚虫威（安打）悬浮剂3 500～4 500倍液、5%虱螨脲（美除）乳油1 000倍液、20%氯虫苯甲酰胺悬浮剂1 500倍液。10天一次，连用2～3次。注意应交替使用农药。

◆ 葡萄斑叶蝉

学名：*Erythroneura apicalis* (Nawa)

又名葡萄二星叶蝉、二星浮尘子、葡萄小叶蝉、葡萄二点叶蝉、葡萄二点浮尘子、二点叶蝉，属同翅目叶蝉科，是葡萄主要害虫之一，可为害葡萄、苹果、梨、桃、樱桃、山楂、桑等。

　　形态特征：成虫体长约3毫米，全身淡黄白色，散生淡褐色斑纹，复眼黑或暗褐色。头前伸，呈钝三角形，头顶前缘有2个黑褐色小斑点。前胸背板前缘有几个淡褐色小斑点，中央有暗色纵纹。小盾板上有2个大形黑褐色斑。前翅为淡黄白色，翅面有不规则形状的淡褐色斑纹。卵长椭圆形，微弯曲。初产时乳白色，渐变橙黄色。若虫初孵化时为白色，长大后分红褐色和黄白色二型。红褐色型，体红褐色，尾部有上举的习性；黄白色型，体浅黄色，尾部不上举。老熟若虫黄白色，长约2毫米，胸部两侧可见明显的翅芽。

葡萄斑叶蝉成虫

葡萄斑叶蝉若虫

葡萄斑叶蝉为害状

　　为害状：以成虫和若虫聚集在叶背刺吸汁液，被害叶呈现失绿小白点，随后多个小斑连成大白斑，严重时叶色苍白、焦枯，提早脱落。影响光合作用和枝条发育，降低果实品质。

　　生活史及习性：河北一年发生2代，陕西、河南、山东、上海3代，以成虫在葡萄园附近的落叶、灌木丛、杂草及土石缝中等隐蔽处所越冬。成虫最早于3月中旬至4月上旬开始活动，4月中旬为盛期，先为害发芽早的果树（如苹果、梨、桃等）吸食，待葡萄展叶后即开始为害葡萄叶片，并在叶背产卵。成虫多在白天羽化，性活泼，有一定的趋光性，横向爬行迅速，上午取食，中午阳光强烈时静伏于叶背荫蔽处，但受惊扰时即飞往他处，喜在叶背面取食，而在正面出现被害状。卵散产于叶背叶脉处的表皮下，以中脉处为多。卵孵化后产卵处变褐色。若虫有很强的群集性。若虫多在叶背主脉两侧取食为害，经几次蜕皮后变为成虫。陕西关中地区越冬成虫于4月末至5月初产卵，5月中下旬第一代若虫盛发，6月中旬为第一代成虫发生期，6月中旬出现第二代若虫，6月下旬至7月发生第二代成虫，8月下旬出现第三代成虫。其中以5月中下旬第一代若虫发生比较集中，以后世代重叠，10月下旬以后以第三代成虫陆续开始越冬。二代区，6月上旬出现第一代若虫，有的年份5月中旬即出现第一代若虫，6月中下旬发生第一代成虫，7月中旬发生第二代若虫，8月出现第二代成虫。

凡地势潮湿、杂草丛生、树冠郁闭、通风透光不良、管理粗放的果园发生多、受害重。葡萄品种之间也有差别，一般叶背面茸毛少的欧洲种受害重，茸毛多的美洲种受害轻。上海、苏州一带，8～9月虫口密度最大，为害也最重，秋凉后成虫逐渐潜伏越冬。

防治方法：①清理树下杂草和落叶，减少越冬虫源。②生长期及时摘心、整枝，除去副梢，使葡萄园通风透光良好，可减轻为害。③葡萄园内尽量避免间作黄豆、瓜菜。④在春季成虫出蛰尚未产卵和5月中下旬第一代若虫发生期喷药防治。一般在5月中下旬，于葡萄展叶后为宜，药剂可选25%噻嗪酮乳油1 000～1 500倍液、20%异丙威乳油800倍液、10%吡虫啉可湿性粉剂2 500倍液、25%噻虫嗪（阿克泰）水分散粒剂6 000～7 500倍液，隔5～7天喷一次，一般可全年控制为害。为充分发挥天敌寄生蜂的控制作用，葡萄园喷药应在生长前期进行，并尽量少用广谱性杀虫剂。

◆ 葡萄长须卷蛾

学名：*Sparganothis pilleriana* Denis et Schiffermvller
又名葡萄卷叶蛾、藤卷叶蛾，属鳞翅目卷蛾科。为害葡萄、棠梨、茶、油桐、大豆等。

为害状：低龄时多于梢顶幼叶簇中吐少量丝潜伏其中为害，稍大便吐丝卷叶为害，在其中蚕食，严重时只留叶脉。

形态特征：成虫体长6～8毫米，翅展18～25毫米，头黄褐色，唇须特别长，直向前伸。前翅黄色或淡黄色，有金属光泽，基斑、中带和顶角的斑纹褐色；翅上有3条明显的横带，褐色或暗褐色，中带由前缘的1/3斜伸到后缘的1/2处，端纹宽大，外缘界线不清，外缘区呈黄褐色带。后翅较小，灰褐色。卵初产时淡绿色，渐变淡黄，孵化时变深褐色，卵壳透明，卵粒较小，椭圆形。幼虫初孵时淡黄色，头部黑色，体长0.7～1.0毫米，老熟时暗绿色，体长18～26毫米，头部及前胸背板淡褐色，胸背浅褐色，两侧每节各有2个暗色毛瘤。蛹长椭圆形，暗棕色，长7～8毫米，臀棘8枚，末端弯曲。

生活史及习性：东北地区一年发生1代。以幼龄幼虫在地表落叶、杂草等处结茧越冬。翌年4～5月葡萄发芽后，越冬幼虫陆续出蛰，爬到葡

葡萄长卷蛾成虫

葡萄长卷蛾幼虫

葡萄长卷蛾蛹

葡萄长卷蛾幼虫为害状

萄芽、叶上取食为害。成虫昼伏夜出，羽化后不久即交配、产卵，将卵产于叶上，卵期8～15天。食料不足时常转移为害。6～7月幼虫陆续老熟，于卷叶内结茧化蛹。6月中旬至8月上旬为成虫发生期。幼虫受惊后有迅速倒退或弹跳的习性。6月下旬至8月中旬为幼虫孵化期。孵化后经过一段时间取食便陆续寻找越冬场所结茧越冬。

　　防治方法：①冬季清除落叶、杂草，集中烧毁。②幼虫卷叶后，可摘除卷叶，消灭幼虫。③药剂防治。成虫产卵盛期或幼虫孵化盛期，选喷20%氰戊菊酯乳油3 000倍液、52.25%毒死蜱·氯氰菊酯乳油1 500倍液、10%联苯菊酯乳油4 000倍液、48%毒死蜱乳油1 000～1 500倍液、20%氯虫苯甲酰胺悬浮剂3 000倍液。

◆ 葡萄十星叶甲

　　学名：*Oides decempunctata* Billberg

　　又名葡萄十星叶虫、葡萄金花虫。属于鞘翅目叶甲科。除为害葡萄外，还可为害野葡萄、爬山虎、黄荆树。

　　为害状：以成虫和幼虫取食葡萄叶片成孔洞或缺刻，常造成百孔千疮，大量发生时将全部叶片食尽，残留叶脉和叶柄，造成叶片网状枯黄，并且相连成片。幼芽被食害，致使植株生长发育受阻，严重影响产量，是葡萄产区的重要害虫之一。

　　形态特征：成虫体长约12毫米，土黄色，椭圆形，似瓢虫。头小，常隐于前胸下。触角淡黄色，丝状，末端3节为黑褐色。前胸背板有许多小刻点。鞘翅上布细密刻点，每个鞘翅上有黑色圆形斑点5个。足淡黄色，前足小，中、后足大。后胸及第一至四腹节的腹板两侧各具近圆形黑点1个。卵椭圆形，长约1毫米。初为黄绿色，后渐变为暗褐色，表面有很多无规则的小突起。幼虫共5龄。成长幼虫体长12～15毫米。体扁而肥，近长椭圆形。头小，黄褐色。胸腹部土黄色或淡黄色，除尾节无突起外，其他各节两侧均有肉质突起3个，突起顶端呈黑褐色。胸足小，前足更为退化。除前胸及尾节外，各节背面均有2横列黑斑，中后胸每列各4个，腹部前列4个，后列6个。蛹体长9～12毫米，金黄色。腹部两侧呈齿状突起。

　　生活史及习性：辽宁、河北、河南、山东、山西、陕西、湖北一年发生1代，江西南昌、重庆2代。均以卵在根系附近土中和枯枝落叶下越

葡萄十星叶甲成虫 　　　　　　　葡萄十星叶甲幼虫 　　　　（引自邱强）

冬；在南方温暖地方也有的以成虫在树皮等各种缝隙中越冬。成虫白天活动，受触动即分泌黄色具有恶臭味的黏液，并有假死性。羽化后经6～8天开始交尾，交尾后8～9天开始产卵。卵块生，多产在距植株35厘米范围内的土表上，尤以葡萄枝干接近地面处最多。幼虫沿蔓上爬，先群集为害芽叶，后向上转移，三龄后分散；早、晚喜在叶面上取食，白天隐蔽，有假死性。1代区4～5月孵化为幼虫，8月份陆续老熟入土，多于3～7厘米深处做土茧化蛹。蛹期10天左右。8～9月羽化为成虫。成虫在蛹室内停留1天才出土，出土时间多在6～10时左右，并交尾产卵，以卵越冬，直到9月下旬陆续死亡。2代区越冬卵4月中旬孵化，5月下旬化蛹，6月中旬羽化，8月上旬产卵；8月中旬至9月中旬二代卵孵化，9月上旬至10月中旬化蛹，9月下旬至10月下旬羽化，并产卵越冬，11月成虫陆续死亡。以成虫越冬的于3月下旬至4月上旬开始出蛰活动，交尾产卵。

　　防治方法：①结合冬季清园，清除枯枝落叶及根际附近的杂草，集中烧毁，消灭越冬卵和成虫。②初孵幼虫集中在下部叶片上为害时，可摘除有虫叶片，集中处理。在化蛹期及时进行中耕，可破坏蛹室。③利用假死性，以容器盛草木灰或石灰接在植株下方，在清晨振动枝蔓，使成虫落入容器中，集中处理。④药剂防治。在成虫和幼虫发生期喷药防治，药剂可选用10%联苯菊酯（天王星）乳油6 000～8 000倍液、2.2%甲维盐乳剂1 500倍液、5%氯氰菊酯乳油3 000倍液、2.5%三氟氯氰菊酯（功夫菊酯）乳油3 000倍液。也可在越冬卵孵化前施药，阻止其上树为害，药剂可选用3%联苯菊酯颗粒剂每亩3～4千克撒施。

◆ 葡萄白粉虱

学名：*Trialearodes vaporariorum* (Westwood)

又名小白蛾、温室白粉虱，属同翅目粉虱科。食性杂，可为害葡萄、苹果和柿等果树，还为害番茄等多种蔬菜。

形态特征：成虫体长1～1.5毫米，淡黄色。翅及胸背被白色蜡粉，停息时翅合拢成屋脊状，翅脉简单。卵长0.2毫米，长椭圆形，基部有卵柄，初产淡绿，被有白色粉，近孵化时变褐色。若虫卵圆形，淡黄色，半透明，背部稍隆起，体表有长短不齐的蜡丝，足和触角退化，紧贴着叶片上固定生活。四龄若虫称伪蛹，长椭圆形，

白粉虱成虫

长约1.5毫米，宽约1.0毫米。体缘有短而密且等长的白色蜡毛，体背有规则的皱纹。"⊥"形羽化裂纹清楚。

白粉虱卵

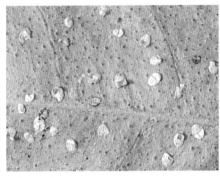

白粉虱蛹壳

为害状：成虫、若虫以刺吸式口器为害叶片，叶被害处褪绿，变黄萎蔫，分泌出的黏性排泄物污染叶片和果实，诱发煤烟病，被害果实和叶片完全变黑。还可传播病毒病，造成更大危害。有时密度很大，能布满叶片，致使被害叶片呈红褐色，造成早期脱落，并削弱树势，影响产量和品质。

生活史及习性：山东、河北、山西一年发生3代，南方为5~6代，在温室内一年可发生10余代，世代重叠现象严重，以各种虫态在温室越冬，并继续为害。春季葡萄萌芽后，白粉虱开始为害葡萄，初孵化的若虫伏在叶背不动，吸食叶片液汁，使叶片褪色变黄，生长衰弱。白粉虱的成虫虫体很小，常群居在葡萄叶背，摇动叶片后成群飞舞。成虫寿命较长，对黄色有强烈的趋性，忌避白色、银灰色。成虫有选择嫩叶产卵的习性，每雌虫可产卵100余粒。孵化的若虫在叶背找到适当的吸食部位便伏定吸食，3天内可以活动，当口器刺入叶组织后开始固定为害。其发育期适宜温度为20~28℃，当气温在30℃以上时，卵、若虫死亡率升高，成虫寿命短，产卵少，一般发生较少。温室附近露地的葡萄受害重。

防治方法：①消灭虫源。白粉虱以成虫在温室瓜菜上或温室内的枯枝落叶上越冬，每年早春应抓住这个关键时期清扫室内的枯枝落叶，集中销毁，彻底消灭越冬虫源。②大田葡萄要远离温室，防止春季粉虱向外传播，也应控制外来虫源进入温室越冬。③成虫对黄色有较强的趋性，可用黄色板涂上黏虫胶诱捕成虫。用硬纸板裁成20厘米宽的长条，涂上黄色油漆，上罩塑料膜，再涂一层黏油（机油加少许黄油）置于行间，与植株等高，可诱杀成虫。④在成虫和若虫为害初期喷药防治，药剂可选用25%噻嗪酮可湿性粉剂1 500倍液、10%吡虫啉可湿性粉剂1 000~1 500倍液、25%噻虫嗪（阿克泰）水分散粒剂6 000~7 500倍液、24%螺虫乙酯悬浮剂3 000倍液、10%啶虫脒乳剂1 500倍液。在上述药剂中加入植物油怀农特等助剂则效果更理想。

◆ 黑刺粉虱

学名：*Aleurocanthus spiniferus* Qiaintance

又名橘刺粉虱，属同翅目粉虱科。主要为害葡萄、茶、油茶、山茶、柑橘、梨、柿等。

形态特征：成虫略小，体橙黄色，复眼红色，体表覆有粉状蜡质物；前翅紫褐色，上有7个白斑；后翅浅紫色，无斑纹。卵香蕉形，基部有一短柄与叶背相连，初产时乳白色渐变深黄色，孵化前呈紫褐色。初孵若虫长椭圆形，体乳黄色，具足，能爬行，固定后很快变黑色，背面出现2条白色蜡线呈8字形，后期背侧面生出黑色粗刺，周缘出现白色细蜡圈。蛹近椭圆形，初期乳黄色，透明，后渐变黑色。蛹壳黑色有光泽，周缘白色蜡圈明显，壳边呈锯齿状，背面显著隆起。

黑刺粉虱成虫

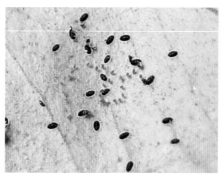
黑刺粉虱蛹及低龄若虫

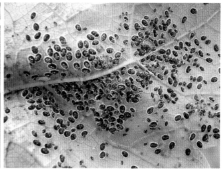
黑刺粉虱为害状

为害状：以成、若虫聚集叶片背面、果实和嫩枝上刺吸汁液，并排出蜜露引起煤烟病发生，影响光合作用。被害叶出现失绿黄白斑点，渐扩展成片，进而全叶苍白脱落。

生活史及习性：浙江、江苏、安徽、湖北一年发生4代，福建、湖南4~5代，以若虫在葡萄、柑橘叶背越冬，翌年3月化蛹，3月下旬至4月上中旬成虫羽化，卵产在叶背面。杭州一至四代若虫的发生盛期分别在4月中旬至6月、6月下旬至7月中旬、7月中旬至9月上旬、10月中旬至翌年2月越冬。黑刺粉虱喜郁蔽的生态环境。

防治方法：①加强葡萄园管理。结合修剪、中耕除草，改善葡萄园通风透光条件，抑制其发生。②生物防治。在5月中旬阴雨连绵时期可每亩用韦伯虫座孢菌菌粉(每毫升含1亿个孢子量)0.5 ~ 10千克喷施或用韦伯虫座孢菌枝分别挂放植株四周,每平方米5 ~ 10枝。③药剂防治。可在卵孵化盛期选喷10%吡虫啉可湿性粉剂1 000 ~ 1 500倍液、10%联苯菊酯乳油5 000倍液、1.8%阿维菌素乳油3 000 ~ 5 000倍液、25%噻虫嗪水分散粒剂6 000 ~ 7 500倍液。

◆ 烟蓟马

学名：*Thrips tabaci* Lindeman

又名棉蓟马、葱蓟马、瓜蓟马,属缨翅目蓟马科。可为害葡萄、苹果、李、梅、柑橘、草莓、菠萝、烟草及茄科、葫芦科、百合科蔬菜。

形态特征：成虫体长0.8 ~ 1.5毫米,体淡黄至深褐色,背面色略深。头部宽大于长,口器呈鞘状锥形,生于头下。复眼紫红色,稍突出。单眼3个,呈三角形排列。触角7节,黄褐色,第二节色较浓。前胸与头等长,中、后胸背面连合成长方形,背板上有短而密的鬃。前翅近透明,淡黄色,细长。前翅后缘的缨毛细长,色淡;后翅前缘有长的鬃毛,后缘的缨毛细长,色淡。腹部圆形,末端较小而尖,周缘密生细长的缘毛。雌虫产卵管锯齿状,由第八、九腹节间腹面突出。雄虫无翅。卵初期肾形,长约0.29毫米,乳白色,后变卵圆形,黄白色。若虫淡黄色,与成虫相似,无翅,共4龄。复眼暗红色,胸腹部有微细的褐点,点上生粗毛。四龄若虫体长1.2 ~ 1.6毫米,有明显的翅芽。伪蛹,形似若虫,但不食不动,触角披在头上,有明显的翅芽。

蓟马成虫（放大）

蓟马若虫（放大）

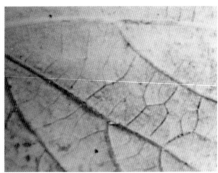

蓟马为害状　　　（谢永强）　蓟马为害使葡萄叶脉变黑

为害状：成虫、若虫为害葡萄新梢、叶片和幼果。被害叶片成水渍状失绿黄色小斑点。一般叶尖、叶缘受害最重。严重时新梢的伸长受到抑制，叶片变小，卷曲成杯状或畸形，甚至干枯，有时还出现穿孔。幼果被害，初期在果面形成小黑斑，随着幼果的增大而成为不同形状的木栓化褐色锈斑，影响果粒外观，降低商品价值，严重时会裂果。

生活史及习性：在华北一年发生3～4代，华东地区6～10代，华南地区10代以上，多以成虫或若虫在未收获的葱、蒜叶梢及杂草、残株上越冬，少数以伪蛹在土中或枯枝落叶中越冬，华南地区无越冬现象。春季气温回升到10℃以上时开始活动，在葱、蒜返青时为害一段时间便迁飞到杂草、作物及果树上为害繁殖。成虫活跃，能飞善跳，扩散传播很快，怕阳光，白天喜在荫蔽处为害，早晚或阴天在叶面上为害。蓟马多行孤雌生殖，很少见雄虫。成虫寿命8～10天。卵多产在叶背皮下和叶脉内，卵期6～7天。初孵若虫不太活动，集中在叶背叶脉两侧为害，长大即分散。一般温度25℃以下，相对湿度60%以下有利于蓟马发生，高温高湿不利其发生。一年中以4～5月为害较重。

防治方法：①冬春清除果园内及四周杂草和枯枝落叶。②9～10月和早春集中消灭在葱、蒜上为害的蓟马，以减少虫源。③夏季葡萄生长受害初期，若虫发生高峰期选喷10%吡虫啉可湿性粉剂2 000倍液、25%噻虫嗪水分散粒剂6 000～8 000倍液、1.8%阿维菌素乳油3 000～4 000倍液、10%氯氰菊酯乳油2 000倍液、48%多杀霉素悬浮剂2 000～3 000倍液，喷施2～3次。

◆ 葡萄缺节瘿螨（葡萄毛毡病）

学名：*Colomerus vitis* (Pagenstecher)

葡萄缺节瘿螨又名葡萄瘿螨、葡萄潜叶壁虱、葡萄锈壁虱、葡萄毛毡病。属蜘蛛纲甲螨目瘿螨科，北方葡萄产区多有发生，造成叶片萎缩，早期落叶，削弱树势，降低产量。

葡萄毛毡病前期叶片　　　　　（谢永强）

形态特征：成螨体长0.2毫米，宽约0.05毫米，长蠕虫形，体白色或浅灰色，近头部具两对软足，头胸背板三角形，有网状花纹。腹部细长，约有70多个环纹组成，其环纹又由许多暗色长椭圆形瘤排列而成。卵球形，直径30微米，淡黄色。

为害状：主要为害嫩叶，在春季及晚秋均有发生。发生严重时也为害嫩梢、幼果、卷须和花梗等。成、若螨在叶背刺吸汁液，初期被害叶产生苍白色斑点，后成不规则的失绿斑块，叶片受害处正面隆起，叶背下陷，在叶背下陷处密生灰白色茸毛似毛毡状，故称毛毡病。后期斑块

葡萄毛毡病后期叶片　　　　　（谢永强）

葡萄毛毡病病叶（背面）　　　　（谢永强）

及茸毛逐渐变成锈褐色，被害叶皱缩变硬，最后干枯变褐。叶片受害严重时全叶皱缩伸展不开，甚至枯死。

葡萄毛毡病病叶　　　　　（谢永强）　葡萄毛毡病严重为害状　　　　　（谢永强）

生活史及习性：一年发生3代，以雌成螨在葡萄芽鳞下或芽茸毛、枝蔓的粗皮缝等处潜伏越冬。翌春葡萄萌发时开始活动，成螨从芽内爬出，转移到幼叶背茸毛下及新芽处刺吸汁液，刺激叶片茸毛增多。毛毡状物是葡萄上表皮组织受瘿螨刺激后肥大变形而成，对瘿螨具保护作用。近距离传播主要靠爬行和风、雨、昆虫携带，远距离主要随苗木和接穗的调运而传播，不断繁殖扩散。雌成螨在4月中下旬开始产卵，后若螨和成螨同时为害，每年5～6月为害较重，高温季节发生量减少，晚秋9月份为害秋梢较重，落叶前开始进入越冬场所。一般喜在新梢先端嫩叶上为害，严重时能扩展至卷须、花序和幼果上。

防治方法：①秋冬季葡萄落叶后彻底清扫田园，剥除枝蔓上的老粗皮，集中烧毁或深埋，以消灭越冬虫源。②螨害发生区内可能带螨的苗木、插条等向外地调运时，可采用温汤消毒，即把插条或苗木的地上部分先用30～40℃热水浸泡3～5分钟，再移入50℃热水中浸泡5～7分钟，即可杀死潜伏的成螨。③早春葡萄发芽前、芽膨大时，喷3～5波美度石硫合剂，杀灭潜伏在芽鳞内的越冬成螨，即可基本控制为害。④葡萄生长初期，发现被害叶片立即摘除烧毁，以免继续蔓延。⑤严重时可在萌芽展叶期选喷15%哒螨酮乳油3 000～4 000倍液、1.8%阿维菌素乳油3 000倍液、24%螺虫乙酯悬浮剂3 000倍液、5%噻螨酮（尼索朗）乳油1 600～2 000倍液。

◆ 葡萄短须螨

学名：*Brevipalpus lewisi* McGregor

又名葡萄红蜘蛛、刘氏短须。属蜱螨目细须螨科，主要为害葡萄。

形态特征：雌成螨体微小、赭褐色，眼点红色，腹背中央红色；体背

中央呈纵向隆起，体后部末端上下扁平；背面体壁有网状花纹；4对足粗而短，多皱纹，各足胫节末端有一条特别长的刚毛。卵大小为0.04毫米×0.03毫米，圆形，鲜红色，有光泽。幼螨体鲜红色，足3对、白色；体两侧前后足各有2根叶片状的刚毛。腹部末端周缘有8根刚毛，其中第三对刚毛较长，针状，其余为叶片状。若螨体淡红色

葡萄短须螨为害叶片产生很多黑褐色的斑块

或灰白色，足4对；体后部较扁平，末端周缘刚毛8根，全为叶片状。

为害状：自葡萄展叶开始，以幼螨、成螨先后在嫩梢、叶片、果梗、果穗及副梢上为害。叶片受害后，叶面呈很多黑褐色的斑块，为害严重时焦枯脱落。嫩梢受害后，皮部黑褐色凹凸不平，以枝条基部较重。果穗受害后，果梗、穗轴呈黑褐色，组织变脆，表面粗糙，极易折断。果粒前期受害后，果面呈现铁锈色，果皮表面粗糙，有时龟裂，影响生长。

葡萄短须螨为害叶片背面状

葡萄短须螨严重为害状

生活史及习性：在山东济南一年发生6代以上。以雌成虫在老皮裂缝内、叶腋及松散的芽鳞茸毛内群集越冬。越冬雌成虫翌年4月中、下旬出蛰，为害刚展叶的嫩芽，4月底至5月初开始产卵。以后随着新梢长大，逐渐蔓延，6月份大量上叶，多集中在叶梢的基部和叶脉两侧，7月大量为害果穗，8月上、中旬为果穗受害高峰。10月下旬开始转移至叶柄和叶腋间，11月进入越冬。成螨有拉丝习性，但丝量很少。幼螨有群集蜕皮习性。在平均温度29℃、相对湿度80%～85%的条件下，最适于其生长发育。7、8月的温、湿度最适合其繁殖，发生数量最多。

防治方法：①冬季清园，剥除枝蔓上的老粗皮烧毁，以消灭在粗皮内越冬的雌成虫。②春季葡萄发芽时，喷3波美度石硫合剂防治。如在3波美度石硫合剂中混加0.3%洗衣粉，防治效果更为显著。喷药要认真周到，使药液涌进芽鳞茸毛和枝蔓缝隙。③葡萄生长季节，幼螨孵化后选喷15%哒螨灵乳油2 000倍液、20%哒螨酮可湿性粉剂3 000倍液、5%噻螨酮（尼索朗）乳油2 000倍液、48%螺虫乙酯悬浮剂3 000倍液、10%浏阳霉素乳油1 000倍液、24%螺螨酯（螨危）乳油3 000～5 000倍液、1.8%阿维菌素乳油5 000倍液。

◆ 绿盲蝽

学名：*Lygus lucorum* Meyer-Dtiro

俗称小臭虫、叶切疯、破叶疯、青色盲蝽，属半翅目盲蝽科，是杂食性害虫。可为害葡萄、苹果、梨、桃、柑橘、橙、杏、梅、枣、柿等果树及棉花、大豆等多种农作物。

形态特征：成虫体长5～5.5毫米，雌虫稍大，体绿色，较扁平；头部三角形，黄褐色；复眼红褐色；触角4节，第二节最长，第一节黄褐色；第四节黑褐色；前胸背板深绿色，上布许多小刻点；前翅膜片暗灰色，其余绿色，前缘宽。卵长约1毫米，长口袋形，黄绿色，卵盖黄白色，中央凹陷，边缘无附着物。若虫5龄，与成虫相似；初孵时绿

绿盲蝽成虫

色，二龄若虫黄褐色，三龄若虫出现翅芽，五龄若虫全体为绿色，小盾片三角形，微突，密生黑色细毛，复眼灰色，触角淡黄色，足淡绿色，附节末端与爪黑褐色，翅芽末端黑色。

绿盲蝽为害葡萄状

为害状：以成虫、若虫刺吸嫩芽叶、果实及嫩枝的汁液，被害幼叶最初出现细小黄褐色坏死斑点，叶长大后形成孔洞，叶缘开裂，严重时叶片扭曲皱缩，畸形；花蕾被害产生小黑斑，渗出黑褐色汁液；新梢生长点被害呈黑褐色坏死斑，但一般生长点不会脱落；幼花穗被害后萎缩脱落，幼果被害常畸形。

生活史及习性：北方一年发生3～5代，山西运城4代，浙江、河南安阳5代，江西6～7代。主要以卵在葡萄、苹果、石榴、桃等果树枝上及果园中杂草或浅层土壤中越冬。翌年3～4月，平均温度在10℃以上，相对湿度高于70%，越冬卵开始孵化，4月中、下旬为孵化盛期。5月上旬、6月上旬、7月中旬、8月中旬、9月各发生一代成虫，发生期不整齐，世代重叠。成虫寿命较长，喜阴湿怕干燥，有趋光性，飞翔能力强，行动活泼，日夜均可活动，但夜晚活跃，白天多在叶背、叶柄等荫蔽处潜藏或爬行。产卵期长达30余天，卵孵化期约6～8天。9月下旬开始产卵越冬。若虫起初在蚕豆、胡萝卜及杂草上为害，5月开始为害葡萄。绿盲蝽有趋嫩为害习性。

防治方法：①清除葡萄园周围杂草，园内避免间作绿叶类、直根类、豆类等蔬菜。②多雨季节注意开沟排水、中耕除草，降低园内湿度。③搞好栽培管理(抹芽、副梢处理、绑蔓)，改善架面通风透光条件。④对幼树及偏旺树，避免冬剪过重，多施磷、钾肥，控制用氮量，防止葡萄徒长。⑤利用成虫的趋光性，可在成虫发生期设置黑光灯诱杀成虫，以减少卵的基数。⑥药剂防治。葡萄绒球期至萌芽前，喷洒3～5波美度石硫合剂以消灭越冬卵及初孵若虫。葡萄发芽至展叶期是绿盲蝽为害的高峰期，要抓住第一代低龄若虫期，适时喷洒农药，药剂可选用20%吡虫啉可湿性粉剂

2 000倍液、5%啶虫脒乳油3 000~4 000倍液、18.1%左旋氯氰菊酯1 500倍液、25%吡蚜酮可湿性粉剂2 000倍液、2.5%溴氰菊酯3 000~4 000倍液。根据绿盲蝽的生活习性，喷药时间最好在傍晚，以取得较好的防治效果。喷药时要做到树体和地面同时喷，力争在葡萄开花前将绿盲蝽基本控制。有条件的地区在防治时应统一时间统一行动，大面积联合防治，防止害虫迁移。注意交替用药，以防产生抗药性。

◆ 斑衣蜡蝉

学名：*Lycorma delicatula* White

俗称花姑娘、椿蹦、花蹦蹦，属同翅目蜡蝉科。杂食性，除为害葡萄外，还可为害梨、桃、杏等果树及臭椿、楝树等。

形态特征：成虫体长15~25毫米，翅展40~50毫米，全身灰褐色；体翅表面附有白色蜡粉。头角向上卷起，呈短角突起。复眼黑色，向两侧突出。触角3节，鲜红色，歪锥状，基部膨大。前翅革质，基部约1/3为淡褐色，脉纹灰黄色，翅面有20个左右的黑点，端部黑色。翅颜色的偏蓝为雄性，翅颜色的偏米色为雌性。后翅膜质，基部鲜红色，上有黑点数个，中部白色，端部黑色。卵圆柱形，褐色，长约3毫米，平行排列整齐，每卵块有卵40~50粒，上覆有灰色覆薄土状的蜡质分泌物。若虫4龄，体形似成虫，初孵时白色，后变为黑色，体有许多小白斑，二、三龄为黑色斑点，四龄体背呈红色，具有黑白相间的斑点，翅芽显露。

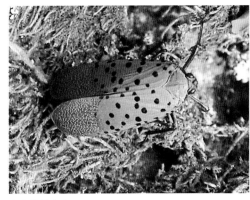

斑衣蜡蝉成虫

斑衣蜡蝉若虫

为害状：以成虫、若虫群集在叶背、嫩梢上刺吸汁液为害，被害叶片开始出现针眼大小的黄色斑点，不久变成黑褐色、多角形坏死斑，被害叶片向背面弯曲，嫩叶受害常造成穿孔或叶片破裂，受害枝条变黑。其排泄物可诱发煤污病。

生活史及习性：一年发生1代，以卵块在葡萄枝蔓、支架、树干及枝杈等部位上越冬；越冬卵4月中、下旬（一般于花序展露期）开始孵化，若虫期约60天，5月上旬为盛孵期；若虫常群集在葡萄幼嫩茎、叶背面为害，经3次蜕皮，6月中、下旬至7月上旬出现成虫，8月中旬开始交尾产卵，成虫寿命长达4个月，10月下旬逐渐死亡。成、若虫均具有群栖性，弹跳力强，受惊即跳跃逃避；栖息时头翘起，有时可见数十头群集在新梢上，排列成一条直线。成虫交尾在夜间进行，卵多产于枝蔓和架杆的阴面，卵外呈片状。

防治方法：①结合冬季修剪、整枝，消灭枝干上的卵块。②利用若虫假死性进行人工捕捉。③抓住若虫大量发生期喷药防治，药剂可选用10%吡虫啉可湿性粉剂2 000～3 000倍液、25%噻虫嗪水分散粒剂6 000～7 500倍液、2.5%溴氰菊酯2 000～3 000倍液。④发生严重区域，最好少种或不种臭椿、香椿等主要寄主植物，以减少虫源。

◆ 葡萄瘿蚊

学名：*Cecidomya* sp.
又名葡萄食心虫，属双翅目瘿蚊科。

形态特征：成虫体长3毫米，体暗灰色，被淡黄短毛，似小蚊。头较小，复眼大，黑色，两眼上方接合；触角丝状细长14节、各节周生细毛，雄虫触角较体略长，雌虫较体略短，末节球形。中胸发达，3对足均细长。前翅膜质透明、略带暗灰色，疏生细毛，仅有4条翅脉，后翅特化为平衡棒，淡黄色。腹部可见8节，雄虫较细瘦，外生殖器呈钩状略向上翘；雌虫腹部较肥大，末端呈短管状，产卵器针状，褐色，伸出时约有两个腹节长。老熟幼虫体长3～3.5毫米，乳白色，肥胖略扁，胴部12节，胸部较粗大向后渐细，末节细小圆锥状；两端略向上翘呈舟状。头部前端有1对暗褐色齿状突起，齿端各分2叉。前胸腹面剑骨片呈剑状，其前端与头端齿突相接。蛹长3毫米，裸蛹，纺锤形，初黄白渐变黄褐色，羽化前黑褐色。头顶有1对齿状突起；复眼间近上缘有一较大的刺突，下缘有3个较小的刺突。前后足伸达第五腹节前缘。

为害状：以幼虫在葡萄果心蛀食，并排粪其中，果肉呈蜡质状，致使果粒不能正常生长，造成果实畸形，不能食用。

葡萄瘿蚊幼虫及为害状 　　　　　（谢永强）

葡萄瘿蚊为害状 　　　　　（谢永强）

生活史及习性：葡萄瘿蚊每年发生1代，以幼虫在枝干内越冬，5月上、中旬成虫羽化，5月中、下旬至6月上旬交配产卵，6月上、中旬为害葡萄果。卵期10～15天。成虫白天活动，飞行力不强，产卵较集中，一般产卵于幼果内，每粒果中只产1粒卵，以葡萄架的中部果穗落卵较多，且雌蚊产卵集中于相邻的2～3个果穗上。卵孵化后，

葡萄瘿蚊为害状

幼虫在果内为害约20余天，老熟化蛹，蛹期5～6天。7月上、中旬成虫羽化，羽化时借身体蠕动力顶破果皮，在果面上形成圆形羽化孔，蛹壳一半残留于羽化孔外，羽化孔多于果实中部。果实收获后产卵于枝条上，幼虫孵化后在干枯枝上蛀孔越冬。品种之间受害程度有差异，郑州早红、巨峰、龙眼受害较重，保尔加尔、葡萄园皇后、玫瑰香次之。

防治方法：①冬季修剪时彻底剪除干枝、枯枝，集中烧毁，消灭越冬幼虫。②葡萄幼果期至成虫羽化前，检查葡萄果穗，发现被害果时，彻底摘除集中处理，杀灭其中的幼虫和蛹。③采用套袋栽培可有效防止瘿蚊为

害。④在成虫初发期喷75%灭蝇胺可湿性粉剂5 000倍液、2.5%三氟氯氰菊酯乳油或2.5%联苯菊酯（天王星）乳油或1.8 %阿维菌素乳油3 000倍液。

◆ 桃 蛀 螟

学名：*Dichocrocis punctiferalis* (Guenee)

又名桃蛀野螟、桃蠹螟、桃斑螟、桃蛀虫、食心虫、蛀心虫、钻心虫等。属鳞翅目螟蛾科。除为害桃外，还为害葡萄、梨、李、杏、苹果、石榴、板栗、山楂、枇杷、无花果、玉米等，是一种杂食性害虫。

桃蛀螟成虫

形态特征：成虫体长约10毫米，翅展25～28毫米，体黄色，胸部、腹部及翅上都有黑色斑点，前翅黑斑约有25～26个，后翅约10个。腹部背面与侧面有成排的黑斑。卵椭圆形，初为乳白色，孵化前为红褐色。表面具密而细小的圆形刺点，卵面满布网状花纹。幼虫体长约22毫米，体色多变，头部暗黑色，胸、腹部有暗红、淡灰褐、浅灰蓝色等，腹面多为淡绿色，前胸背板深褐色，中、后胸及第一至八腹节各有大小不等的褐色毛片8个。蛹长10～14毫米，纺锤形，初化蛹时

桃蛀螟幼虫

桃蛀螟蛹

淡黄绿色，后变褐色或淡褐色，臀棘细长，末端有曲刺6根。茧灰白色，上附灰黄色的木屑。

为害状：主要以幼虫蛀食果实和果穗，造成流胶。幼虫从果梗基部或两果连接处蛀入果心，蛀食幼嫩核仁和果肉，使果实不能发育，常变色脱落，果外有蛀孔，孔口有胶质和粒状褐色虫粪，易引起腐烂，造成减产。

生活史及习性：长江流域一年发生4～5代，北方2～3代，南京4代，江西、湖北5代，以老熟幼虫在被害僵果、树皮裂缝、石缝、板栗种苞、向日葵花盘、蓖麻种子及玉米、高粱茎秆内过冬；也有少部分以蛹越冬。在浙江，越冬代幼虫4月中旬化蛹，成虫于5月中、下旬盛发。5月下旬田间开始发现卵，盛期在6月上旬，第一代卵部分产于早熟品种桃、李果上。卵经6～8天孵化为幼虫，幼虫孵化盛期为6月中、下旬。由于越冬代幼虫化蛹期先后不整齐，使第一代发蛾期延长，造成后期世代重叠现象。二至五代成虫发生期分别为：6月中下旬、7月中下旬、8月中下旬、9月下旬至10月上旬。华北地区越冬代成虫在5月下旬至6月上旬发生，第一代成虫于7月上旬开始羽化，盛期为7月下旬至8月上旬。一代成虫可在葡萄上产卵。7月中、下旬发现第一代初孵幼虫，8月上、中旬是第二代幼虫发生盛期，此时葡萄受害率高。

成虫对黑光灯有强烈的趋性，对糖醋味也有趋性，喜食花蜜和成熟的葡萄、桃的汁液，白天停歇在叶背面，傍晚以后活动产卵，尤以晚上8～10时最甚。成虫羽化一天后交尾，产卵前期为2～3天，成虫喜在生长茂密的果上产卵。桃蛀螟的发生与雨水有一定关系，一般4、5月多雨有利于发生，相对湿度在80%时，越冬幼虫化蛹和羽化率均较高。

防治方法：①秋季采果前于树干绑草，诱集越冬幼虫，早春集中烧毁。同时处理玉米、高粱、向日葵等的茎秆和花盘。应于5月上旬前处理完或进行曝晒和碾压，以减少虫源。②随时拾净和摘除虫果，集中沤肥。同时注意对果园周围的其他寄主进行全面防治。③诱杀成虫。5月上旬，在葡萄园内点黑光灯、频振式杀虫灯或用糖醋液诱杀成虫。或在树冠外围挂桃蛀螟性信息素诱芯，每3棵树挂1个，定期更换诱芯，清理虫体。④果实套袋。套袋前结合防治病虫喷药1次。⑤药剂防治。成虫产卵盛期至孵化初期喷药，消灭初孵幼虫，药剂可选用20%灭幼脲悬浮剂2 000倍液、10%联苯菊酯乳油3 000倍液、20%氯虫苯甲酰胺悬浮剂3 000倍液、18.1%左旋氯氰菊酯乳油1 500倍液、2.5%溴氰菊酯乳油3 000～4 000倍液。

◆ 康氏粉蚧

学名：*Pseudococcus comstocki* (Kuwana)

又名梨粉蚧、葡萄粉蚧、桑粉蚧，属同翅目粉蚧科。除为害葡萄外，还为害苹果、梨、桃、杏、李、樱桃、山楂、石榴、栗、核桃、梅、枣等多种果树。

形态特征：雌成虫体长 3～5 毫米，扁平，椭圆形，体淡粉红色，表面被白色蜡质物，体缘具有 17 对白色蜡丝，体后端最末 1 对蜡丝特长，几乎与体长相等。雄成虫体紫褐色，长约 1 毫米。翅仅 1 对，透明，后翅退化成平衡棒。卵椭圆形，长约 0.3 毫米，浅橙黄色，数十粒集中成块，外覆白色蜡粉，形成白絮状卵囊。若虫椭圆形，淡黄色，形似雌成虫。仅雄虫有蛹，浅紫色，触角、翅和足等均外露。

康氏粉蚧雌成虫

为害状：若虫和雌成虫在叶背、芽、果实阴面、果穗内小穗轴、穗梗、枝干等处刺吸汁液，使果实生长发育受到影响。果实或穗梗被害，表面呈棕黑色油腻状，不易被雨水冲洗。发生严重时，整个果穗被白色棉絮物所填塞。被害果外观差，含糖量降低，甚至失去商品价值。嫩枝和根部受害，常肿胀且易纵裂而枯死。排泄蜜露常引起煤病发生，影响光合作用削弱树势，产量与品质均下降。

生活史及习性：在河南、河北、山东一年发生 3 代，吉林延吉 2 代，主要以卵在被害树干、枝条粗皮缝隙或石缝土块中越冬，少数以若虫和受精雌成虫越冬。翌春葡萄发芽后，越冬卵孵化为若虫，食害寄主植物幼嫩部分。在河南，第一代若虫发生盛期在 5 月中、下旬，6 月上旬至 7 月上旬陆续羽化，交配产卵。第二代若虫为 6 月下旬至 7 月中、下旬孵化，盛期为 7 月上、中旬，8 月上旬至 9 月上旬羽化。第三代若虫发生在 8 月中旬开始孵化，8 月下旬至 9 月上旬进入盛期，9 月下旬开始羽化，交配产卵越冬。早产的卵可孵化，以若虫越冬；羽化迟者交配后不产卵即越冬。交尾

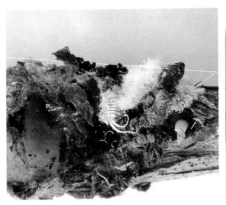

粉蚧为害枝　　　　　　　　　　康氏粉蚧为害葡萄果及穗轴

后雌成虫爬到枝干粗皮裂缝内或果实萼洼、梗洼等处产卵，有的将卵产在土内。产卵时，雌成虫分泌大量似棉絮状蜡质作卵囊，卵即产在囊内。每一雌成虫可产卵200～400粒。雌若虫期35～50天，雄若虫期25～40天。第二、三代若虫多迁移至枝、叶、果实萼凹和叶腋等处为害。

　　防治方法：①冬季结合刮除老树皮、翘皮，清除越冬卵囊，减少虫源，或枝干上捆草把，引诱雌虫产卵，集中烧毁。②晚秋在树干绑缚草把，诱杀成虫。③合理修剪，防止枝叶过密，以免给粉蚧造成适宜环境。④初期点片发生时，人工刷抹有虫茎蔓。⑤药剂防治。春季发芽前喷洒3～5波美度石硫合剂于枝干上。5月中下旬在若虫分散转移期，分泌蜡粉形成介壳之前选择喷洒24%螺虫乙酯悬浮剂3 000倍液、3%啶虫脒乳油1 500倍液、10%吡虫啉可湿性粉剂1 000～1 500倍液。发生严重的地区可在各代幼虫孵化期进行防治。

◆ 白星花金龟

　　学名：*Potosia brevitarsis* (Lewis)
　　又名白星花潜、白星花金龟子、白纹铜花金龟，属鞘翅目花金龟科。为害葡萄、苹果、梨、桃、李、杏、樱桃、柑橘、柿等。
　　形态特征：成虫体长17～24毫米，宽9～12毫米，椭圆形，古铜色或青铜色，有金属光泽，体表散布众多不规则云片状灰白绒斑；唇基前缘向上折翘，中凹，两侧具边框，外侧向下倾斜；触角深褐色；复眼突出，前胸背板具不规则白绒斑，后缘中凹；前胸背板后角与鞘翅前缘角之间有1个三角片甚显著，即中胸后侧片；鞘翅宽大，近长方形，遍布粗大刻点，白绒斑多为横向波浪形；臀板短宽，每侧有3个白绒斑呈三角形排列；腹部一至五腹板两侧有白绒斑；足较粗壮，膝部有白绒斑；后足基节后外端角尖锐；前足胫节外缘3齿，各足跗节顶端有2个弯曲爪。卵圆形至椭圆形，长1.7～2.0毫米，乳白色。幼虫又称蛴螬，体长24～39毫米，头小，褐色，胸足3对，短小，胴部乳白色，肛腹片上具2纵列U形刺毛，每列19～22根，体常弯曲呈C形。蛹为裸蛹，体长20～23毫米，初为黄白色，后渐变为黄褐色。无尾角，末端齐圆。

白星金龟子成虫

为害状：主要以成虫食幼叶、芽、花及果实。成虫喜食裂果或成熟的果实，常数头群集果实上吸食汁液，先破裂葡萄果皮，然后取食其果肉，造成葡萄腐烂，失去商品性并减产。

生活史及习性：一年发生1代，以幼虫在腐殖质土和厩肥堆中越冬。翌年4～6月幼虫断断续续老熟，在20厘米左右土层中化蛹，蛹期约1个月。成虫于5月上旬开始出现，其中6～7月为盛发期。成虫飞翔力强，有较强的趋光性、趋化性和假死性，群集成虫受惊扰后纷纷飞散逃脱。前期主要为害早熟甜玉米、大田玉米、向日葵等果实及番茄、西瓜等成熟的裂果果肉。待桃、李、梨、葡萄等果实成熟时，开始大量迁入为害果实。7月上旬成虫大多开始在腐殖质丰富或堆肥较多的地方产卵，平均每虫产20～30粒，卵孵化约需12天。幼虫为腐食性，一般不为害植物根系。幼虫发育最适宜的土壤含水量为15%～20%，土壤过干过湿，均会迫使幼虫向更深层转移，如持续过干或过湿，则使其卵不能孵化，幼虫致死，成虫的繁殖和生活力严重受阻。

防治方法：①诱杀成虫。利用成虫趋光性安装杀虫灯在成虫盛发期诱杀成虫，或利用成虫的趋化性，用果醋或烂果汁诱杀。在葡萄架上悬挂矿泉水瓶等小口容器，内盛糖醋液(糖、醋、水的比例为1：2：3)，瓶中加入90%敌百虫300～500倍液，瓶里放入2～3头白星花金龟成虫，效果更佳，每亩可挂8～10个瓶子，诱杀成虫。也可将园内病虫果或落果收集起来，在高温高湿条件下放置3～5天使其腐烂变质，然后将腐烂的葡萄装入矿泉水瓶中少许，里面加入少量水，在害虫为害盛期挂在树上，利用其趋化性进行诱杀，需注意的是要经常加水以保持瓶内腐烂果湿软。②人工捕杀。利用成虫群集为害的习性，在早晚或阴天温度低时人工捕捉，集中杀死。③加强葡萄园管理，结合中耕及时清除田间杂草及地边荒草，破坏该虫的孳生环境；由于成虫对未腐熟的农家肥和腐殖质有强烈的趋性，常将卵产于其中，所以对于农家肥要集中堆放，经高温发酵充分腐熟后可减少成虫产卵繁殖的场所，有效降低虫口基数。在5月中旬前翻倒粪堆，捡拾白星花金龟的幼虫及蛹，必要时喷洒50%辛硫磷乳油800倍液或90%晶体敌百虫600倍液，集中消灭。④不要套种豆类、花生、玉米和甘薯，这些作物常会引起幼虫的严重为害。⑤化学防治。由于此虫背部包有一层坚硬的鞘翅，一般触杀型农药难以渗透。因此化学防治应选用胃毒兼内吸的药剂，在成虫盛发期可用48%毒死蜱乳油1 000～1 200倍液、52.25%毒死蜱·氯氰乳油1 000～1 500倍液防治。施药应选在晴朗无风的天气进行，上午10点或下午4点为好，葡萄采收前15天停止使用。⑥土壤施药。每亩可用3%联苯菊酯颗粒剂3～4千克，或48%毒死蜱乳油200毫升，拌20～30千克细土均匀撒施，乳油类药剂可加水喷于地表。

◆ 斑喙丽金龟

学名：*Adoretus tenuimaculatus* Waterhouse

属鞘翅目丽金龟科，为害葡萄、山楂、柿、苹果、梨、桃、枣、板栗及菜豆、大豆、玉米等。

形态特征：成虫体长9.4～10.5毫米，宽4.7～5.3毫米，长椭圆形。体褐色或棕褐，腹部色较深。全体密被黄褐色披针形鳞片，较暗淡。头大，唇基近半圆形，前缘上翘，头顶隆拱，复眼圆大，上唇下缘中部向下延长似喙。触角10节，鳃片部3节。前胸背板短阔，前缘弧形内弯，侧缘弧形扩出，前侧角锐角形，后侧角接近直角。小盾片三角形。鞘翅有成行的灰白色斑，端凸上鳞片常十分紧密而成明显白斑，其外侧尚有一较小白斑。后足胫节外缘有一小齿突。卵长椭圆形，长1.7～1.9毫米，宽1.0～1.7毫米，乳白色。幼虫体长16～20毫米，乳白色。头部棕褐色，胸足3对，腹部9节，第九节为9～10节愈合成的臀节。肛腹片后部的钩状刚毛较少，排列均匀。蛹长11～12毫米，前圆后尖，乳黄或黄褐色，腹末端有褐色尾刺。

为害状：成虫食叶成缺刻或孔洞，食量较大，在短时间内可将叶片吃光，只留叶脉，呈经络状，幼虫为害苗木根部。

斑喙金龟子成虫交尾

斑喙金龟子为害状

生活史及习性：河北、山东一年发生1代，江西一年发生2代，均以幼虫越冬。翌春1代区5月中旬化蛹，6月初成虫大量出现，直到秋季均可为害；2代区4月中旬至6月上旬化蛹，5月上旬成虫始见，5月下旬至7月中旬进入盛期，7月下旬为末期。第二代成虫8月上旬出现，8月下旬至9月上旬进入盛期，9月下旬为末期。成虫昼伏夜出，取食、交配、产卵，黎明陆续潜土。产卵延续时间11～43天，平均为21天，每雌产卵10～52粒，卵产于土中。常以菜园、甘薯地落卵较多，幼虫孵化后为害植物地下组织，10月开始越冬。

防治方法：①根据其趋光性，可设黑光灯在天气闷热的夜晚进行诱杀。②利用成虫的假死性，可在树下振落捕杀。③利用性信息素诱捕杀灭。④保护利用天敌，如各种益鸟、青蛙、步行虫等，都能捕食金龟子成虫和幼虫，应注意保护和利用。⑤化学防治。参照白星花金龟。

◆ 葡萄透翅蛾

学名：*Paranthrene regalis* Butler

又名葡萄透羽蛾，钻心虫，属鳞翅目透翅蛾科。主要为害葡萄，以幼虫蛀食枝蔓，造成枝蔓死亡。

形态特征：成虫体长18～20毫米，翅展为30～36毫米，体黑褐色，头前部、颈部、后胸两侧、下唇须第三节橙黄色，触角棒状，紫黑色。后胸两侧黄色。前翅脉赤褐色，前缘、外缘及翅脉黑色，翅脉间膜质透明。后翅膜质半透明，腹部四、五及六节中部有一明显的黄色横带，以第四节横带最宽。蛾腹部末端左、右有长毛丛1束。卵长约1毫米，椭圆形，表面光滑，紫褐色。幼虫共5龄，老熟幼虫体长约38毫米，头红褐色，口器黑色，胸腹部黄白色，老熟时微带紫色，前胸背板上有一倒八字形纹，体疏生细毛。蛹体长18毫米，黄褐色至红褐色，圆筒形，腹部各节有刺排列。

为害状：主要为害葡萄枝蔓。初孵幼虫先取食茎蔓，然后蛀入幼嫩茎中，一般多从嫩梢的叶腋和叶柄基部蛀入，蛀孔处排出褐色粪便。叶柄被

葡萄透翅蛾成虫　　（引自邱强）　葡萄透翅蛾幼虫

葡萄透翅蛾幼虫为害状

葡萄透翅蛾幼虫为害枝蔓

葡萄透翅蛾为害后枝梢枯死

害，叶片凋萎，枯黄脱落；节间被蛀害变成紫褐色，易折断或枯死，是该虫为害的显著外观特征，易于识别。幼虫蛀入枝蔓后，先向嫩蔓先端方向蛀食，致使蔓梢很快枯死，又转向新蔓基部方向蛀食，被害处逐渐膨大，内部形成较长的孔道，破坏树体营养输送，蔓梢逐渐枯死，影响结果。

生活史及习性：一年发生1代，以老熟幼虫在被害的枝蔓内越冬。浙江4月下旬幼虫开始在被害茎蔓内化蛹，化蛹前先在被害枝蔓侧面咬一圆形羽化孔，并以丝封住孔口，而后化蛹，5月上、中旬陆续羽化为成虫。成虫寿命6～7天，羽化时蛹壳常露出孔外一部分，一般葡萄开化期为成虫羽化盛期，约20天；羽化后即交尾产卵，产卵前期1～2天，每雌平均产卵100粒。卵散生于枝蔓上的叶腋、叶片、果穗、卷须和嫩芽处，以叶腋和叶片为多，卵期8～13天。6月中旬第一代幼虫出现，夜晚取食，白天静伏，幼虫期40～50天，6月中旬至7月上旬幼虫为害当年生嫩蔓，7月中旬至9月下旬为害二年生以上老蔓，10月中旬起至冬眠以前，幼虫进入老熟阶段，食量加大，向葡萄老蔓和主干蛀食，常使大枝蔓枯死或折断。11月中、下旬起在蔓髓部越冬。在北方，翌年4月底至5月越冬幼虫开始化蛹，6月上旬成虫开始羽化，7～8月是幼虫为害盛期，10月中旬起幼虫进入老熟阶段，11月中、下旬起在被害枝蔓内越冬。成虫多在夜间羽化，有趋光性，飞翔力强。幼虫有转移为害习性，一般可转移1～2次，多在7、8月转移。

防治方法：①检查种苗、接穗等繁殖材料，查到有幼虫株集中销毁。越冬前结合修剪，剪除有肿瘤枝蔓和有虫粪枝条。②利用害虫趋光性，悬挂黑光灯诱捕成虫。③6～7月，经常检查幼嫩梢，及时清埋被害梢，秋季整枝时发现虫枝剪掉烧毁。④如已蛀入较粗的枝，上面有果穗时，可用铁丝从蛀孔插入刺死幼虫。或将粪便用铁丝勾出，塞入浸过100倍敌敌畏药液的棉球，用塑料膜将虫孔扎好，可以杀死幼虫。⑤做好成虫羽化期的测报，及时喷药。将带有老熟幼虫的枝蔓剪成长5～6厘米，共剪10个，放在铅丝笼里，挂在葡萄园内，发现成虫飞出5天后，及时喷药。此外，可结合物候期监测，在葡萄盛花期即成虫羽化盛期选用20%杀灭菊酯乳油3 000倍液、18.1%左旋氯氰菊酯乳油1 500倍液、2.5%溴氰菊酯乳油1 500倍液、Bt乳剂1 000倍液喷施，均有良好的效果。一般在花前3～4天和谢花后各喷治一次。⑥生物防治：将新羽化的雌成虫一头，放入用窗纱制的小笼内，中间穿一根小棍，搁在盛水的面盆口上，面盆放在葡萄旁，每晚可诱到不少雄成虫。⑦成虫羽化期，用性诱剂诱杀。

◆ 枯叶夜蛾

学名：*Adris tyrannus* (Guenee)

又名通草木夜蛾，属鳞翅目夜蛾科。

成虫吸食近成熟的苹果、梨、柑橘、桃、葡萄、杏、柿、枇杷、无花果的果实汁液。幼虫为害通草、伏牛花、十大功劳。

形态特征：成虫体长35～38毫米，翅展96～106毫米，头胸部棕褐色，腹部杏黄色，触角丝状。前翅似枯叶色，顶角尖，外线弧形内斜，后缘中部内凹，从顶角至后线内凹处有1条黑褐色斜线，内线黑褐色。翅脉上有许多黑褐小点，翅基部及中央有暗绿色圆纹。后翅杏黄色，中部有一肾形黑斑，近外缘处有一牛角形黑纹。卵扁球形1～1.1毫米，顶部与底部均较平，

枯叶夜蛾成虫

乳白色。幼虫体长57～71毫米，体黄褐或灰褐色，前端较尖，第一、二腹节常弯曲，第二、三腹节亚背面有一眼形斑，中间黑色，并具有月牙形白纹，其外围黄白色绕有黑色圈。各体节布有许多不规则的白纹。第六腹节亚背线与亚腹线间有1块不规则的方形白斑，上有许多黄褐色圆圈和斑点。背线、亚背线、气门线、亚腹线和腹线均为暗褐色。蛹长31～32毫米，红褐至黑褐色。头顶中央略呈一尖突，头胸部背腹面有许多较粗而规则的皱褶；腹部背面较光滑。

为害状：成虫以锐利的虹吸式口器穿刺果皮，果面留有针头大的小孔，果肉失水呈海绵状，以手指按压有松软感觉，被害部变色凹陷，随后果实腐烂脱落。常招致胡蜂等为害，将果实食成空壳。

生活史及习性：一年发生2～3代，多以成虫越冬，暖地可以卵和中龄幼虫越冬。发生期不整齐，从5月末到10月均可见成虫，以7～8月发生较多。成虫昼伏夜出，有趋光性，喜为害香甜味浓的果实，7月以前为害杏等早熟果品，后转害桃、葡萄、苹果、梨等。成虫寿命较长，产卵于寄主茎和叶背。幼虫吐丝缀叶潜伏其中为害，6～7月发生较多，老熟后缀叶结薄茧化蛹。

防治方法：①灯光诱杀成虫，在成虫高发期，利用其趋光性，安装黑光灯或频振式杀虫灯诱杀。②利用糖醋液、烂果汁诱杀。5%～8%糖和1%醋的水溶液，加90%敌百虫晶体300～500倍液；或用烂果汁加少许酒、醋代用。③果实接近成熟期套袋。④铲除果园内及其周围1 000米以内的木防己、通草等寄主植物，或在有木防己、通草等的果园内，于幼虫发生期喷杀虫剂予以防治，也能有效地减轻成虫为害。⑤用香茅油或小叶桉油驱避成虫。其方法是，用7厘米×8厘米的草纸片浸油，挂在树上，每棵树挂1片，夜间挂上，白天收回，第二天再补加油。⑥药剂防治。在成虫发生期喷洒2.5%氟氯氰菊酯（百树得）2 000倍液，有很好的触杀和驱避作用，也可在幼虫孵化后，选喷4.5%高效氯氰菊酯乳油1 500倍液、25%灭幼脲悬浮剂1 000倍液、20%氯虫苯甲酰胺悬浮剂3 000倍液。

◆ 鸟嘴壶夜蛾

学名：*Oraesia excavate* Butler

鸟嘴壶夜蛾别名葡萄紫褐夜蛾、葡萄夜蛾，属鳞翅目夜蛾科。除葡萄外，尚可为害柑橘、桃、李、柿、荔枝、龙眼、枇杷等多种果树成熟的果实，造成损失。是山地和近山地果园的一种重要害虫。

形态特征：成虫体长23～26毫米，翅展49～51毫米，褐色。头和前胸赤橙色，中、后胸赭色。下唇须前端尖长似鸟嘴。前翅紫褐色，具线纹，翅尖钩形，外缘中部圆突，后缘中部呈圆弧形内凹，自翅尖斜向中部有两根并行的深褐色线。后翅淡褐色，缘毛淡褐色。卵球形，0.8毫米，初淡黄色，1～2天后色泽变灰，并出现红褐色花纹。幼虫共6龄，初孵时灰色，长约3毫米，后变为灰绿色。老熟时体长38～45毫米，灰褐色或灰黄色，似枯枝。头部两侧各有4个黄斑。腹部和背面有白色斑纹处杂有大黄斑1个，小红斑数个，中红斑1个，纵行排列。第一对腹足全退化，第二对较小。蛹长17～23毫米，暗褐色，腹末较平截。

鸟嘴壶夜蛾成虫（正面与侧面观）

为害状：成虫以虹吸式口器插入成熟果实吸取汁液，轻者外表仅有1小孔，内部果肉呈海绵状或腐烂，重者果实软腐脱落。由于早期为害状不易被发现，常在储运中造成很大损失。幼虫啃食叶片，造成缺刻或孔洞，严重时吃光叶片。

生活史及习性：在湖北武汉和浙江黄岩一年发生4代，以成虫、幼虫或蛹越冬。越冬代在6月中旬结束，第一代发生于6月上旬至7月中旬，第二代发生于7月上旬至9月下旬，第三代发生于8月中旬至12月上旬。成虫羽化后需要吸食糖类物质作为补充营养，才能正常交尾产卵。卵多散产于果园附近背风向阳处木防己的上部叶片或嫩茎上。幼虫行动敏捷，有吐丝下垂习性，白天多静伏于荫蔽的木防己顶端嫩叶上，夜间取食。三龄后沿植株向下取食，将叶吃成缺刻，甚至整叶吃光。老熟时在木防己基部或附近杂草丛内缀叶结薄茧化蛹。成虫在天黑后飞入果园为害，喜食熟果。成虫有明显的趋光性、趋化性（芳香和甜味），略有假死性。

防治方法：参考枯叶夜蛾。

◆ 葡萄双棘长蠹

学名：*Sinoxylon japonicum* Lesne

又名双齿长蠹、黑壳虫、戴帽虫，属鞘翅目长蠹科双棘长蠹属，仅为害葡萄，成虫和幼虫都可蛀食藤蔓。

形态特征：成虫体长4.5～6.0毫米，体宽1.8～2.6毫米，圆筒形，黑褐色。体表骨化，头小，隐于前胸背板下。额区两侧有一对圆突状复眼，褐色。触角10节，棕红色，端部3节膨大为栉片状。咀嚼式口器，下口式；上颚发达，粗而短，末端平，有下颚须。前胸背板发达，帽状，盖住头部，长度约为体长的1/3，与前翅同宽；上有黑色小刺突与直立的细黄毛。前半部有齿状和颗粒状突起，后半部有刻点。中部隆起，顶部后移，后1/3向翅基部形成斜面，鞘翅红褐色，其上密布较齐整的蜂窝状刻点，后部急剧向下倾斜，鞘翅斜面合缝两侧有一对棘状突起，棘突末端背面上突出似角状，两侧近于平行。足棕红色，胫节和跗节有短毛，中足的距最长，约可达第一跗节的2/3处，跗节4节，有一对跗钩。腹部显见5节，腹面密布倒伏的灰白色细毛，第六节甚小，缩入腹腔中，仅可见一撮毛，末端具尾须。初羽化的成虫体色浅，经一段时间补充营养，由黄褐色渐变为黑赤褐色。卵乳白色，椭圆形，大小为0.4～0.6毫米。幼虫乳白色，蛴螬形，头小，胸部膨大，周身散布细毛。老龄幼虫体长4.9～5.2

葡萄双棘长蠹成虫

葡萄双棘长蠹成虫及为害状

毫米，乳白色。上颚基部褐色，齿黑色。颅顶光滑，额面布长短相间的浅黄色刚毛，无足；可见体节11节，每体节背部呈2皱突，侧面和腹末两节疏生长刚毛，其余各部疏生较短刚毛。蛹为裸蛹，乳白色，长约5.2毫米，宽约2.3毫米，可见明显的红褐色眼点，乳白色的栉状触角贴附于眼点两侧。前胸背板膨大隆起，已可见颗粒状棘突。3对足依次抱于胸前，跗节顺体长向下延伸，端部稍膨大，可见一对跗钩在蛹壳内微微活动。后足隐于双翅下，仅有端部伸出翅外。羽化前头部、前胸背板及鞘翅黄色或浅黄褐色，内翅前端黑色，上鄂红褐色。

为害状：成虫多从节或芽下蛀入，产卵为害。蛀害主蔓，先在节部环蛀，仅留下少许木质部和皮层，此后继续向上、下节蛀害，产卵其中。幼虫孵化后继续蛀害，植株端部逐渐枯萎，稍用力即从蛀孔处断裂；一、二年生枝蔓受害后，髓被蛀食，生长势弱，冬后大多失水死亡。有的蛀入髓部后，再向上、下节间蛀食为害，形成狭长虫道，造成枝条长势减弱，冬后干枯，第二年不能再发芽抽梢。蛀孔外常排出成虫的新鲜粪屑，蛀孔圆形，可以此与天牛幼虫为害相区别，但又与透翅蛾幼虫蛀害状相似。

葡萄双棘长蠹为害状

葡萄双棘长蠹为害蔓断面　　　　葡萄双棘长蠹为害状

生活史及习性：一年发生1代，以成虫越冬。成虫抗逆性很强，可长期存活在枯蔓内。翌年4月上、中旬，越冬成虫开始活动，选择较粗大的蔓从节部芽基处蛀食。5月上、中旬为成虫交尾产卵期，卵产于虫道内。每次产卵1～2粒，幼虫孵化后在虫道内继续为害。5月中、下旬至8月中旬，为幼虫为害盛期。10月上、中旬，新一代成虫选择1～2年生小侧蔓蛀入，独居越冬。

防治方法：①加强检疫。在调运苗木或接穗时，要严格把关，重点检疫，严格执行检疫条例，严禁将双棘长蠹传播到非疫区。②根据害虫蛀孔口常有新鲜粪屑堆积或有流胶现象发生这一特点，结合冬季修剪，彻底剪除虫蛀枝和纤弱枝，集中烧毁，杀死越冬成虫。次年开春上架捆绑枝蔓时，仔细检查，是否有漏剪的被害枝蔓，及时把虫害枝蔓剪除烧毁；等到葡萄长出4～5片叶后，再一次进行认真检查枝蔓，对于受害不能发芽的枝条再一次进行剪除处理。③药剂防治。严重发生的葡萄园，在5月成虫活动期，结合防治葡萄的其他病虫害进行施药防治，把茎干、枝蔓喷透，触杀成虫。药剂可选用20%氯虫苯甲酰胺悬浮剂3 000倍液、2.5%三氟氯氰菊酯乳油3 000倍液、10%吡虫啉可湿性粉剂2 000倍液，也可用1.8%阿维菌素乳油5 000倍喷施，杀灭成虫、幼虫。若发现主蔓节部有新鲜的粪便排出，可用注射器从蛀孔射入80%敌敌畏乳油50倍液少许，并用泥封住虫孔，熏杀成虫和幼虫。

◆ 豹纹蠹蛾

学名：*Zeuzera coffeae* Niether

豹纹蠹蛾成虫

又名咖啡木蠹蛾、六星木蠹蛾，属鳞翅目豹蠹蛾科。以幼虫蛀食葡萄、苹果、枣、桃、石榴、柿等果树枝梢。

形态特征：雌蛾体长35～58毫米，雄蛾体长17～30毫米，体灰白色。雌蛾触角丝状，雄蛾触角基部双栉齿状，端部丝状。前胸背面有6个近圆形蓝黑色斑点；前翅散生许多大小不等的青蓝色斑点。后翅前半部也布黑斑。卵椭圆形，长约0.8毫米，初产时黄白色。幼虫体长35～60毫米，体红色。前胸背板前缘有一对子叶形黑斑，腹末臀板为暗红色。背部各节具小黑点数个，其上着生1根短毛。蛹15～29毫米，红褐色。近羽化时每一腹节的侧面出现两个黑色圆斑，尾端有刺突10个。

豹纹蠹蛾低龄幼虫

豹纹蠹蛾幼虫

为害状：以幼虫蛀入枝干为害，多在枝基部的木质部与韧皮部之间蛀食，被害处有一环孔，并有自下而上的虫道，枝上隔一定距离向外咬一排粪孔，有大量的长椭圆形虫粪排出。受害枝上部变黄枯萎，遇风易折断。

豹纹蠹蛾为害状　　　　　（谢永强）

豹纹蠹蛾为害致枝枯死　　　　　（谢永强）

生活史及习性：一年发生1代，以老熟幼虫在受害枝中过冬。翌春枝叶萌发后，幼虫开始取食，有的从越冬枝条转入新枝为害。4～5月幼虫老熟，在隧道内吐丝缀碎屑堵塞两端，并向外咬一羽化孔，孔外留1层薄皮，而后在其中化蛹。成虫羽化期为5月中旬至7月中旬。成虫夜晚活动，有趋光性，卵产在新抽的嫩梢或芽腋处，每雌产卵可达千余粒。幼虫孵化后自叶主脉或芽基部蛀入，自上而下每隔一段距离咬一排粪孔。树上出现大量枯梢，经多次转移，可为害2～3年生枝条。幼虫为害期在7～9月，有转梢为害的习性，一头幼虫可为害2～3个枝梢。幼虫为害至10月中、下旬在枝内越冬。

防治方法：①剪除虫枝。结合夏季修剪，根据新梢先端叶片凋萎的症状或枝上及地面上的虫粪，及时剪除虫枝，集中烧毁。此项措施应在幼虫转梢之前开始，并多次剪除，至冬剪为止。②灯光诱杀。成虫盛发期用黑光灯或频振式杀虫灯进行诱杀。③在卵孵化盛期，初孵幼虫未钻入枝梢前对枝梢喷布20%氯虫苯甲酰胺悬浮剂3 000倍液、18.1%左旋氯氰菊酯乳油1 500倍液、2.5%三氟氯氰菊酯乳油2 000倍液、10%联苯菊酯（天王星）乳油4 500倍液；当幼虫蛀入木质部后，用80%敌敌畏乳油50倍液灌注蛀道，灌注后堵塞排粪孔，毒死幼虫。

◆ 炸　蝉

学名：*Cryptotympana atrata* (Fabricius)

又名知了，属同翅目蝉科。食性杂，为害葡萄、苹果、梨、桃、杏、李、樱桃、柑橘等果树及多种林木。

形态特征：成虫体长约45毫米，黑色，有光泽，并被有金黄色细毛。中胸背板发达而突起，具X形突纹。翅膜质，透明，基部烟黑色。雄虫腹部一至二节有鸣器。雌虫腹部末端有刀状产卵器。卵长椭圆形，略弯曲，

炸蝉成虫

炸蝉卵

乳白色，有光泽。若虫老熟时体长35毫米，黄褐色，前足为开掘型，有明显的翅芽，无鸣器和听器。

为害状：主要以成虫产卵为害当年生枝条，造成大量锯齿状产卵痕使枝梢皮下木质部呈斜线状裂口，破坏树枝的输导组织，致使被害枝梢失水枯死，叶片随即变黄焦枯。

生活史及习性：4年或5年发生一代，以卵和若虫分别在被害枝内和土中越冬。越冬卵于6月中、下旬开始孵化，7月初结束。当夏季平均气温达到22℃以上，老龄若虫多在雨后的傍晚，从土中爬至地面，顺树干爬行，老熟若虫出土时间为20时至翌晨6时，以21～22时出土最多，当晚蜕皮羽化。雌虫7～8月先刺吸汁液补充营养，之后交尾产卵，从羽化到产卵约需15～20天。选择嫩梢产卵，产卵时先用产卵器刺破树皮，然后产卵于木质部内，雌虫怀卵量500～800粒。产卵孔排列成一长串，每卵孔内有卵5～8粒，一枝上常连产百余粒。经产卵受害枝条，产卵部位以上枝梢很快枯萎。若虫在地下生活4年或5年。每年6～9月蜕皮一次，共4龄。一、二龄若虫多附着在侧根及须根上，而三、四龄若虫多附着在比较粗的根系上，且以根系分叉处最多。若虫在地下的分布以10～30厘米深度最多，最深可达80～90厘米。降雨多，湿度大，则卵孵化早，孵化率高；气候干燥，卵孵化期推迟，孵化率也低。

防治方法：①剪除枯梢。秋季剪除产卵枯梢，冬季结合修剪，再彻底剪净产卵枝，并集中烧毁。②诱捕成虫。根据成虫趋光特性，在6～7月成虫出现时，夜间用火把或灯光诱捕成虫。③春季在蚱蝉羽化前进行松土，翻出蛹室清除若虫。④阻止若虫上树：成虫羽化前在树干绑一条3～4厘米宽的塑料薄膜带，拦截出土上树羽化的若虫，傍晚或清晨捕捉消灭。⑤药剂防治。在5～7月若虫集中孵化时，在树干下撒施1.5%辛硫磷颗粒剂每亩7千克，也可地面喷施48%毒死蜱乳油1 000倍液，可有效防治初孵若虫。在成虫盛期可喷布20%氰戊菊酯乳油2 000～3 000倍液杀灭成虫。

◆ 葡萄鸟害

近年来我国葡萄生产上关于鸟类为害的报道越来越多，不仅露地栽培的鲜食品种、酿酒品种遭受鸟害，而且大棚葡萄和葡萄干晾房也常受鸟的侵袭。

　　为害状：早春，一些小型鸟类如山雀、麻雀、白头翁等啄食刚萌动的芽苞或刚伸出的花序，葡萄成熟时啄食果粒，有的将果粒叨走，鸟类啄食使果穗商品质量严重下降，并诱发葡萄白腐病等病害。

鸟为害的葡萄果粒　　　　　　　　（周小军）

鸟严重为害的葡萄果穗　　　　　　（周小军）

鸟害发生的特点：鲜食葡萄品种鸟害要比酿酒品种严重。在鲜食品种中，早熟和晚熟品种中红色、大粒、皮薄的品种受害明显较重。套袋栽培葡萄园的鸟害程度明显较轻。树林旁、河水旁和以土木建筑为主的村舍旁，鸟害较为严重。在一年之中，鸟类活动最多的时节是在果实上色到成熟期，其次是发芽初期到开花期。在一天之中，黎明后和傍晚前后是两个明显的鸟类活动高峰期，麻雀、山雀等以早晨活动较多，而灰喜鹊、白头翁等则在傍晚前活动较为猖獗。

防御措施：在保护鸟类的前提下防止或减轻鸟类活动对葡萄生产的影响是防御鸟害最根本的指导方针。①果穗套袋。果穗套袋是最为简便的防鸟害方法，同时也可防止病虫、农药、尘埃等对果穗的影响。但要注意灰喜鹊、乌鸦等体型较大的鸟类，常能啄破纸袋啄食葡萄，因此一定要用质量好、坚韧性强的纸袋。②架设防鸟网。防鸟网既适用于大面积的葡萄园，也适用于面积小的葡萄园或庭院葡萄，其方法是先在葡萄架面上0.75～1.0米处增设由8～10号铁丝纵横成网的支持网架，网架上铺设用尼龙丝制作的专用防鸟网，网架的周边垂下地面并用土压实，以防鸟类从旁边飞入。防鸟网可用白色尼龙丝制作，也可用细铁丝制作，但要注意网格的大小要适宜，以便能有效防止鸟类飞入。在冰雹频发的地区，调整网格大小，将防雹网与防鸟网结合设置，是一件事半功倍的好措施。③增设隔离网。在温室、大棚及葡萄干晾房的进出口及通风口、换气孔事先设置适当规格的铁丝网、尼龙网，以防止鸟类的进入。④在鸟害常发地区，适当多保留叶片，遮盖果穗，并注意果园周围卫生状况，也能明显减轻鸟害的发生。⑤大棚四周张网，把棚边和门口全部罩起来，以此封闭式防鸟效果最佳。目前生产上用的防鸟网有尼龙网和塑料网两种。

主要参考文献

北京农业大学，等.1981.果树昆虫学：下册 [M].北京：农业出版社.

李知行.2007.葡萄病虫害防治 [M].北京：金盾出版社.

吕佩珂，苏慧兰，庞震，等.2010.中国现代果树病虫原色图鉴 [M].北京：蓝天出版社.

马国瑞，石伟勇.2002.果树营养失调症原色图谱 [M].北京：中国农业出版社.

邱强.1993.原色葡萄病虫图谱 [M].北京：中国科学技术出版社.

王国平，窦连登，等.2002.果树病虫害诊断与防治原色图谱 [M].北京：金盾出版社.

谢以泽，等.2006.葡萄病虫害原色图谱 [M].杭州：浙江科学技术出版社.

浙江农业大学.1980.农业植物病理学：下册 [M].上海：上海科学技术出版社.